1+X职业技能等级证书（智能制造系统集成应用）配套教材

智能制造系统集成应用

（高级）

组　编　山东栋梁科技设备有限公司

主　编　邵长春　李小伟　王亮亮

副主编　冯　骥　苏　挺　罗　赟

　　　　张晓阳　王普林　徐瑞霞

参　编　李庆亮　张苗苗　江凌云　张　茜

　　　　乔建平　李水明　尹四倍　李震球

　　　　王　琪　李鹏飞　赵洪福

主　审　蒋作栋

机械工业出版社

《智能制造系统集成应用》系列教材分为初级、中级、高级三册，为满足 1+X 职业技能等级证书"智能制造系统集成应用"职业技能培训和智能制造类专业技术技能人才培养需求而编写。本书为其中的高级分册。本书以工作任务为驱动，以工作过程为引导，以"岗课赛证"融通为应用，以"六步工作法"新型活页式教材为形式，以职业技能等级证书培训考核配套设备"智能制造集成应用平台 DLIM-441"为载体，介绍了智能制造系统层面的集成、联调和管理优化，包括智能制造系统集成设计、系统编程与调试、系统联合调试、系统智能加工与生产管控、系统质量控制、系统维护管理 6 个学习项目，共 22 个学习任务。

本书可作为高等职业教育（高职专科、高职本科）、应用型本科教育的机电设备类、自动化类、机械设计制造类等相关专业的学生课程学习、教师教学指导、1+X 证书培训的教材，并可作为从事智能制造技术相关工作的工程技术人员、生产技术人员、社会学习者的学习参考资料。

本书配有知识资料、视频等二维码教学资源和 PPT 课件，凡选用本书作为授课的教师，均可来电（010-88379375）索取或者登录机械工业出版社教育服务网（www.cmpedu.com）注册下载。

图书在版编目（CIP）数据

智能制造系统集成应用：高级 / 山东栋梁科技设备有限公司组编；邵长春，李小伟，王亮亮主编 . —北京：机械工业出版社，2022.9
1+X 职业技能等级证书（智能制造系统集成应用）配套教材
ISBN 978-7-111-71673-0

Ⅰ．①智…　Ⅱ．①山…②邵…③李…④王…　Ⅲ．①智能制造系统 – 职业技能 – 鉴定 – 教材　Ⅳ．① TH166

中国版本图书馆 CIP 数据核字（2022）第 179040 号

机械工业出版社（北京市百万庄大街 22 号　邮政编码 100037）
策划编辑：王宗锋　　　　　　责任编辑：王宗锋　苑文环
责任校对：潘　蕊　王明欣　封面设计：鞠　杨
责任印制：刘　媛
涿州市般润文化传播有限公司印刷
2023 年 1 月第 1 版第 1 次印刷
184mm×260mm・17 印张・433 千字
标准书号：ISBN 978-7-111-71673-0
定价：59.50 元

电话服务　　　　　　　　　网络服务
客服电话：010-88361066　　机 工 官 网：www.cmpbook.com
　　　　　010-88379833　　机 工 官 博：weibo.com/cmp1952
　　　　　010-68326294　　金 书 网：www.golden-book.com
封底无防伪标均为盗版　机工教育服务网：www.cmpedu.com

1+X 职业技能等级证书（智能制造系统集成应用）配套系列教材（初级、中级、高级）

编审委员会

前 言

在科技发展日新月异的今天，随着数字化、网络化、智能化的技术成就，智能制造应运而生。作为制造领域的顶级生态模式，智能制造达到了目前人类所能想象的制造水平的最高境界，在全球范围内发展势头之猛超出了想象，从德国"工业4.0"、美国"工业互联网"、日本"智能制造系统"，到我国的"中国制造2025"，世界各国纷纷抢占制高点。智能制造所引发的是不仅仅是技术突破和传统产业改造，而且是在产品生产、管理和服务全过程中生产方式、人机关系和商业模式的彻底变革，并对社会生产、人类生活和历史进步产生巨大的推动作用。

在智能制造产业蓬勃发展之际，智能制造技术应用领域人才培养成为职业教育的重要任务。其中，制定职业技能等级标准，设立相关领域的职业技能等级证书，开展职业教育与职业技能培训，开发基于典型工作任务和职业标准的课程与教材，实施工作任务导向的教学进程，是人才培养工作的需要、"岗课赛证"融通的必要、1+X证书制度的要求，也是本系列教材编制的出发点和落脚点。

1+X职业技能等级证书"智能制造系统集成应用"由济南二机床集团有限公司作为培训评价组织开发立项，山东栋梁科技设备有限公司作为《智能制造系统集成应用职业技能等级标准》主要起草单位，组织编写了本套对应职业技能等级标准、具有"岗课赛证"融通特色的活页式系列教材。

《智能制造系统集成应用》系列教材对应职业技能等级，分为初级、中级、高级三册，由校企合作编写，是面向工业机器人、数控机床、智能制造生产线等智能设备制造企业、智能制造系统集成企业、智能制造设备及生产线应用企业的岗位需求，以契合工作领域、完成工作任务和提高职业能力为目标，按照专业人才培养目标和职业技能等级标准，以项目学习、任务驱动为架构，以"六步工作法"工作过程为引导，以证书培训考核配套设备"智能制造集成应用平台DLIM-441"为载体，以"任务页 - 信息页 - 计划页 - 决策页 - 实施页 - 检查页 - 评价页 - 知识页"为结构的系列活页式教材，配备二维码教学资源和PPT课件，将学习与工作融为一体推进学习进程，使学习者在完成任务过程中获得智能制造系统集成应用领域相关职业的知识、能力、素质。

《智能制造系统集成应用》系列教材中的初级、中级、高级三册具有职业能力成长进阶关系，并分别与智能制造系统集成应用职业技能等级标准初级、中级、高级相对应，可作为中等职业教育、高等职业教育（高职专科、高职本科）、应用型本科教育的机电设备类、自动化类、机械设计制造类等相关专业的学生课程学习、教师教学指导、1+X证书培训的教材，并可作为从事智能制造技术相关工作的工程技术人员、生产技术人员、社会学习者的学习参考资料，是课程学习、能力培养、证书培训与考核的必备教材。

　　《智能制造系统集成应用（高级）》由职业院校专家、骨干教师、行业专家、企业工程师共同策划和编写，主要编写人员有邵长春、李小伟、王亮亮、冯骥、苏挺、罗赟、张晓阳、王普林、徐瑞霞、李庆亮、张苗苗、江凌云、张茜、乔建平、李水明、尹四倍、李震球、王琪、李鹏飞、赵洪福。本书由烟台职业学院刘敏和山东职业学院徐瑞霞统稿，山东栋梁科技设备有限公司蒋作栋主审。感谢各院校和企业对本书编写工作的支持！感谢各位编者和专家的辛勤工作！

　　受编者编写水平所限，书中难免有不当之处，欢迎读者批评指正。

编　者

二维码清单

名称	二维码	页码	名称	二维码	页码
高级任务 01 知识页 – 工艺流程设计、生产流程管理		10	视频 04：AGV 出入库		53
视频 01：零件加工智能制造系统工作过程		10	高级任务 06 知识页 – 视觉系统基础知识		65
高级任务 02 知识页 – 生产工艺流程的控制过程		19	高级任务 07 知识页 –KUKA 机器人概况，PLC 与机器人通信和编程，PLC 与视觉系统通信		75
高级任务 03 知识页 – 智能制造系统结构与布局实例		28	高级任务 08 知识页 – 网络通信的组态方法		87
视频 02：智能制造系统集成应用平台介绍		28	高级任务 09 知识页 –PLC 程序设计常用方法、注意事项和编程技巧		100
高级任务 04 知识页 –RFID 基础知识		42	高级任务 10 知识页 –MES 架构与功能		110
视频 03：RFID 安装配置		42	高级任务 11 知识页 –MES 与设备管理知识		132
高级任务 05 知识页 –AGV 概述		53	高级任务 12 知识页 –MES 测量与刀补、系统管理功能		144

（续）

名称	二维码	页码	名称	二维码	页码
高级任务 13 知识页 – 生产效率、生产节拍的概念分析与计算		154	高级任务 18 知识页 – 零件加工工艺制定与优化方案		207
高级任务 14 知识页 –DLIM–DT01A 数字化双胞胎技术应用平台		164	高级任务 19 知识页 – 智能制造系统维保手册的编制要点		219
视频 05：数字化双胞胎建模与虚实结合		164	高级任务 20 知识页 – 智能制造系统网络通信故障诊断办法		232
高级任务 15 知识页 –PLM 基础知识		174	高级任务 21 知识页 – 智能制造系统运行与维护相关知识		244
高级任务 16 知识页 – 在线测量技术介绍，其他测量工具介绍		187	高级任务 22 知识页 – 智能制造系统工作单元、MES 日常管理工作要点		257
高级任务 17 知识页 – 误差补偿相关知识		197			

目 录

项目 1

智能制造系统集成设计

项目1　智能制造系统集成设计		任务1～任务3	
姓名：	班级：	日期：	项目页

项目导言

本项目面向零件加工智能制造系统集成应用平台，以智能制造系统集成设计为学习目标，以任务为主线，以工作进程为学习路径，对智能制造系统生产工艺流程规划、智能制造系统控制方案设计、智能制造系统集成规划与设备配置等相关学习内容分别进行了任务部署，针对各项学习任务给出了任务要求、学习目标、工作步骤（六步法）、评价方案、学习资料等工作要求和学习指导。

项目任务

1. 智能制造系统生产工艺流程规划。
2. 智能制造系统控制方案设计。
3. 智能制造系统集成规划与设备选型。

项目学习摘要

任务 1   智能制造系统生产工艺流程规划

项目 1 智能制造系统集成设计		任务 1 智能制造系统生产工艺流程规划	
姓名：	班级：	日期：	任务页 1

学习任务描述

在智能制造系统设计中，需要根据生产工艺要求制订生产方案，确定数控加工站、工业机器人站、智能检测站、智能物流站、智能仓储站及 MES 等系统工作模块，通过系统集成，各工作站协调配合，实现产品智能生产的过程。活塞是汽车发动机汽缸体中做往复运动的零件，本学习任务要求以活塞加工作为任务载体来规划生产工艺流程。

学习目标

（1）了解智能制造生产工艺流程组成及设计方法。
（2）根据零件图规划智能制造生产工艺流程。
（3）根据所设计的零件生产工艺流程绘制工艺流程图。

任务书

现需要在智能制造生产线上加工活塞，活塞原料为圆柱形铝制毛坯件，零件图如图 1-1 所示。请针对活塞端面加工工序进行活塞加工的工艺分析，完成"毛坯件出原料库，经过智能制造加工，零件放入成品库"的工艺流程设计，并作出工艺流程框图。

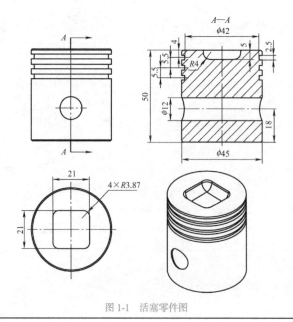

图 1-1   活塞零件图

项目 1　智能制造系统集成设计			任务 1　智能制造系统生产工艺流程规划	
姓名：		班级：	日期：	任务页 2

任务分组

将班级学生分组，可 4～8 人为一组，轮值安排组长，使每人都有机会锻炼自己的组织协调能力和管理能力。各组任务可以相同或不同，将任务分工列入表 1-1。每人明确自己承担的任务，注意培养独立工作能力和团队协作能力。

表 1-1　学生任务分工表

班级		组号		任务	
组长		学号		指导教师	
组员	学号	任务分工			备注

学习准备

1）通过查阅资料了解汽车发动机内部结构及工作原理，了解活塞在发动机中的主要作用。思考活塞是怎样制造的，培养对智能制造的学习兴趣。

2）通过查阅资料了解中国制造业发展水平，对比国外发达国家先进制造能力，分析我国的优势在哪里，劣势在哪里，明确学习动机。

3）通过查阅资料了解传统制造转化为智能制造用到的先进技术，发散思维，思考能否将身边已有的技术（如二维码、RFID、无线网络、移动应用等技术）应用到制造业中，培养创新思维。

4）通过信息查询获得关于生产工艺流程的基础知识，培养自主学习能力。

5）通过小组合作，根据活塞成品工艺要求制订活塞生产工艺流程，培养团队合作能力及生产工艺设计能力。

6）在教师指导下修改工艺流程，根据工艺流程设计智能制造控制系统，对任务进行检查验收。注重过程性评价，注重安全、节约、环保意识的养成，注重综合素养的培养和提升。

项目1　智能制造系统集成设计		任务1　智能制造系统生产工艺流程规划	
姓名：	班级：	日期：	信息页

获取信息

? 引导问题1：自主学习汽车发动机的工作原理，以及活塞在发动机中的作用。

? 引导问题2：自主学习机械加工一个标准件的常见方法及工艺。

? 引导问题3：查阅资料，了解传统制造向智能制造转型升级需要用到的先进技术。

? 引导问题4：自主学习智能制造系统生产工艺流程的基础知识。

? 引导问题5：查阅资料，了解智能制造系统生产工艺流程的设计方法。

? 引导问题6：采用传统制造方式加工一个零件，需要几个步骤完成？

? 引导问题7：智能制造系统怎样代替手工完成产品的加工生产？

小提示

　　活塞是汽车发动机汽缸体中做往复运动的零件。活塞的基本结构可分为顶部、头部和裙部。活塞头部是活塞销座以上的部分，其上安装有活塞环，以防止高温、高压燃气窜入曲轴箱，同时阻止机油窜入燃烧室；活塞顶部所吸收的热量大部分也要通过活塞头部传给汽缸，进而通过冷却介质传走。

　　活塞头部加工有数道安装活塞环的环槽，活塞环数取决于密封的要求，它与发动机的转速和汽缸压力有关。高速发动机的环数比低速发动机的少，汽油机的环数比柴油机的少。为减少摩擦损失，应尽量降低环带部分高度，在保证密封的条件下力争减少环数。活塞头成品如图1-2所示。

图1-2　活塞头成品图

项目 1　智能制造系统集成设计		任务 1　智能制造系统生产工艺流程规划	
姓名：	班级：	日期：	计划页

工作计划

按照任务书要求和获取的信息制订活塞生产工艺流程，计划应考虑到安全、绿色与环保要素。将工作计划列入表 1-2 中。

表 1-2　活塞生产工艺流程工作计划

步骤	工作内容	负责人
1	规划毛坯件的出库过程：	
2	规划毛坯件的加工过程：	
3	规划成品件的检测过程：	
4	规划成品件的入库过程：	
5		
6		

? 引导问题 8：思考并列举各道生产工艺的实现方法。

? 引导问题 9：思考并说明各道生产工艺的衔接方法。

项目 1　智能制造系统集成设计		任务 1　智能制造系统生产工艺流程规划	
姓名：	班级：	日期：	决策页

进行决策

　　对不同组员（或不同组别）的工作计划进行工艺、施工方案的对比、分析、论证，做出计划对比分析记录，整合完善，形成小组决策，作为工作实施的依据。将计划对比分析列入表 1-3，小组决策方案列入表 1-4。

表 1-3　计划对比分析

组员	计划中的优点	计划中的缺陷	优化方案

表 1-4　生产工艺流程决策方案

步骤	工作内容	负责人

　　? 引导问题 10：请绘制活塞生产工艺流程框图。

项目1　智能制造系统集成设计		任务1　智能制造系统生产工艺流程规划	
姓名：	班级：	日期：	实施页

工作实施

按照如下步骤进行零件智能制造生产工艺流程设计。

1）查阅智能制造零件生产工艺流程资料。

2）阅读零件图，参见图 1-1。

3）根据零件图要求，将毛坯从原料库取出，经过智能制造加工后，将零件送入成品库，完成智能制造生产工艺流程的设计说明。

4）绘制工艺流程框图。

? 引导问题 11：请根据生产工艺流程进行详细设计并给出说明。

小提示

1. 零件机械加工工艺流程

1）毛坯件出库 – 毛坯件粗加工 – 精加工 – 成品检验 – 成品入库。

2）三轴机械手移动至中转台取料工位，取成品托盘，然后按设定程序转运至成品仓位。

2. 零件生产工艺流程设计步骤

1）原材料（毛坯件）出库。利用三轴机械手从立体仓库中按设定程序取毛坯件托盘，并将其转运至中转位，等待 AGV 取料。

2）AGV 转运。AGV 将毛坯件运送至缓存位。

3）工业机器人搬运。工业机器人从 AGV 缓存位取料搬运至 RFID 读写位。

4）RFID 读写信息。把加工件信息写到 RFID 芯片。

5）工业机器人上料。工业机器人抓取毛坯件放置到数控机床中。

6）数控机床加工。加工中心铣槽。

7）在线测量。在线测量系统运行，探头按设定程序对加工件进行测量，配合软件对测量结果综合评估。

8）工业机器人下料。工业机器人从数控机床处抓取成品件到智能检测位进行视觉检测。

9）智能检测。工业视觉系统对托盘中的工件进行表面检测，通过视觉处理软件对工件气孔、疏松、飞边等缺陷进行判定。

10）RFID 信息写入。工业机器人将检测后的成品件转运至信息识别台托盘中，通过 RFID 读写器写入托盘检测结果的信息后，机器人将托盘转运至中转台上。

11）成品托盘转运。工业机器人将成品放置到 AGV 缓存位。

12）AGV 转运。AGV 将成品托盘托起并转运至中转台上。

13）成品入库。

项目1　智能制造系统集成设计		任务1　智能制造系统生产工艺流程规划	
姓名：	班级：	日期：	检查页

检查验收

　　按照验收标准对任务完成情况进行检查验收和评价，包括生产工艺主流程规划、各工艺过程衔接规划、生产工艺流程图等，并对验收问题及其整改措施、完成时间进行记录。验收标准及评分表见表1-5，将验收过程中发现的问题记录于表1-6中。

表1-5　验收标准及评分表

序号	验收项目	验收标准	分值	教师评分	备注
1	生产工艺主流程规划	规划合理，能够实施，过程可控	40		
2	各工艺过程衔接规划	规划合理，体现智能制造过程	20		
3	生产工艺流程图	流程图设计合理，基本流程完整	20		
4	生产工艺流程分析	分析逻辑清楚	20		
合计			100		

表1-6　验收过程问题记录表

序号	验收问题记录	整改措施	完成时间	备注

项目1 智能制造系统集成设计		任务1 智能制造系统生产工艺流程规划	
姓名：	班级：	日期：	评价页

评价反馈

各组展示活塞生产工艺流程设计文档，介绍生产工艺流程的整个过程并提交文本文档，进行学生自评、学生组内互评、教师评价，完成考核评价表（见表1-7）。

？引导问题12：在本次任务完成过程中，你印象最深的是哪件事？

？引导问题13：你对机械加工工艺流程设计了解了多少？还想继续学习关于生产工艺流程规划的哪些内容？

表1-7 考核评价表

评价项目	评价内容	分值	自评 20%	互评 20%	教师评价 60%	合计
职业素养 40分	安全意识、责任意识、服从意识	10				
	积极参加任务活动，按时完成工作页	10				
	团队合作、交流沟通能力	10				
	劳动纪律	5				
	现场6S标准	5				
专业能力 60分	专业资料检索能力	10				
	制订计划能力	10				
	操作符合规范	15				
	工作效率	10				
	任务验收，质量意识	15				
合计		100				
创新能力 加分20分	创新性思维和行动	20				
总计		120				

教师签名： 学生签名：

项目 1　智能制造系统集成设计		任务 1　智能制造系统生产工艺流程规划	
姓名：	班级：	日期：	知识页

相关知识点：工艺流程设计、生产流程管理

一、生产工艺流程定义

生产工艺流程，是指在生产过程中，劳动者利用生产工具将各种原材料、半成品通过一定的设备，按照一定的顺序连续进行加工，最终使之成为成品的方法与过程。生产工艺流程的制定原则：技术先进和经济合理。由于不同工厂的设备生产能力、加工精度及工人熟练程度等因素都大不相同，所以对于同一种产品而言，不同工厂制定的工艺可能是不同的，甚至同一个工厂在不同时期制定的工艺也可能不同。

二、工艺流程设计

工艺流程设计由专业的工艺人员完成，设计过程中要考虑流程的合理性、经济性、可操作性、可控制性等各个方面。生产工艺流程设计的内容主要有组织和分析、流程图绘制。

三、生产流程管理

（1）生产工艺流程优化机制。

（2）生产工艺流程各环节的协调。

（3）生产工艺流程管控。

四、零件加工工艺流程参考框图

扫码看知识 1：

工艺流程设计、生产流程管理

扫码看视频 1：

零件加工智能制造系统工作过程

任务 2　智能制造系统控制方案设计

项目 1　智能制造系统集成设计		任务 2　智能制造系统控制方案设计	
姓名：	班级：	日期：	任务页 1

学习任务描述

　　智能制造系统设计中，在生产工艺流程设计完成后，需要根据生产工艺要求对智能制造系统以及其包含的若干个子系统进行控制方案设计，以实现对整个产品生产过程控制。本学习任务要求完成智能制造系统控制方案的设计。

学习目标

　　（1）了解系统控制的方法和应用特点。

　　（2）掌握毛坯件入库、出库、AGV 搬运、数控加工、机器人上下料、智能检测等智能制造各环节的作用和控制方式。

　　（3）根据零件加工生产工艺流程，设计零件加工智能制造系统控制方案。

　　（4）团队协作，完成智能制造系统控制方案的设计。

任务书

　　智能制造系统进行零件加工时，需要进行毛坯件的出库、转运、上料、加工、在线测量、下料、成品检测、成品入库等操作，请根据零件加工生产工艺流程设计智能制造系统控制方案，以实现系统各部分动作、位置的控制。零件加工生产工艺流程框图如图 2-1 所示。

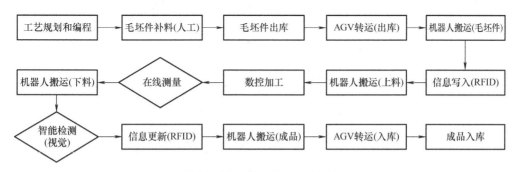

图 2-1　零件加工生产工艺流程框图

项目 1　智能制造系统集成设计		任务 2　智能制造系统控制方案设计	
姓名：	班级：	日期：	任务页 2

任务分组

　　将班级学生分组，可 4～8 人为一组，轮值安排组长，使每人都有机会锻炼自己的组织协调能力和管理能力。各组任务可以相同或不同，将任务分工列入表 2-1。每人明确自己承担的任务，培养独立工作能力和团队协作能力。

表 2-1　学生任务分工表

班级		组号		任务	
组长		学号		指导教师	
组员	学号	任务分工			备注

学习准备

　　1）通过信息查询了解生产工艺流程中每个环节的控制方法，比较国内外应用技术的异同，在学习国外先进技术的同时努力推动我国技术应用和改进。

　　2）通过小组讨论，根据活塞加工工艺流程，设计每个环节的控制方案，培养团队合作精神以及创新设计能力。

　　3）通过查阅资料了解在智能制造系统中的各种先进控制方式，对比传统制造与智能制造的区别，认识智能制造控制技术的重要性，提高专业学习热情，培养严谨、认真的职业素养。

　　4）在教师指导下修改控制方案，满足工艺要求，培养精益求精的工匠精神。

　　5）在教师指导下，根据生产工艺过程的控制效果进行小组施工检查验收和总结，注重过程性评价，注重安全、节约、环保意识的养成，注重综合素养的培养和提升。

项目1 智能制造系统集成设计		任务2 智能制造系统控制方案设计	
姓名：	班级：	日期：	信息页

获取信息

? 引导问题 1：自主学习智能制造系统生产工艺流程的基础知识。

? 引导问题 2：查阅资料，了解机械加工类智能制造系统的控制方法。

? 引导问题 3：谁作为智能制造系统的大脑，控制整个系统协作运行？

? 引导问题 4：毛坯件入库的控制方式是什么？

? 引导问题 5：毛坯件出库的控制方式是什么？

? 引导问题 6：毛坯件、成品件转运的控制方式是什么？

? 引导问题 7：毛坯件上料的控制方式是什么？

? 引导问题 8：毛坯件加工的控制方式是什么？

? 引导问题 9：毛坯件加工中在线测量的方式是什么？

? 引导问题 10：成品件下料的控制方式是什么？

? 引导问题 11：成品件检测的控制方式是什么？

? 引导问题 12：成品件入库的控制方式是什么？

项目1　智能制造系统集成设计		任务2　智能制造系统控制方案设计	
姓名：	班级：	日期：	计划页

工作计划

　　按照任务书要求和获取的信息制订智能制造系统控制方案，包括毛坯件出库过程控制方案、毛坯件加工过程控制方案等工作内容和步骤，计划应考虑到安全、绿色与环保要素。将智能制造系统控制方案工作计划列入表2-2中。

表2-2　智能制造系统控制方案工作计划

步骤	工作内容	负责人
1	毛坯件的出库过程控制：	
2	毛坯件的加工过程控制：	
3	成品件的检测过程控制：	
4	成品件的入库控制：	
5		
6		

　　? 引导问题13：思考各道生产工序控制的具体实现方法。

　　? 引导问题14：思考各部分控制的集成方法。

项目 1　智能制造系统集成设计		任务 2　智能制造系统控制方案设计	
姓名：	班级：	日期：	决策页

进行决策

对不同组员的工作计划进行对比、分析、论证，整合完善，形成小组决策，作为工作实施的依据。做出计划对比分析记录。将计划对比分析列入表 2-3，小组决策方案列入表 2-4。

表 2-3　计划对比分析

组员	计划中的优点	计划中的缺陷	优化方案

表 2-4　智能制造系统控制方案工作决策

步骤	工作内容	负责人

?引导问题 15：列出每项控制方案所对应的设备清单。

项目1　智能制造系统集成设计		任务2　智能制造系统控制方案设计	
姓名：	班级：	日期：	实施页

工作实施

根据零件生产工艺流程框图（见图2-1）设计系统控制方案。

1）工艺规划及编程：根据产品进行_____规划、_____编程、_____编程、_____编程等工作。

2）毛坯件补料：_____将毛坯件放置于立体仓储各仓位托盘内。

3）毛坯件出库：设备开启自动运行模式，_____从_____中按设定程序取毛坯件托盘，并将其转运至_____。

4）AGV转运：AGV按设定程序行驶至_____，顶升机构开启，AGV举起工件托盘，将其转运至_____上。

5）机器人上料搬运：机器人更换_____夹具，在_____将托盘夹紧并按设定程序转运至_____台，通过_____写入托盘上电子标签"待加工毛坯件"信息；然后机器人更换_____夹具，将托盘上的毛坯件取走并转运至_____。

6）数控加工：_____夹紧毛坯件，加工中心按设定程序对毛坯件进行_____作业。

7）在线测量：在线测量系统运行，探头按设定程序对加工件进行测量，配合软件对测量结果综合评估。

8）机器人下料搬运：机器人将_____夹取，_____松开，工件被转运至_____。

9）智能检测：机器人将_____转运至视觉相机下，工业视觉系统对_____进行表面检测（包含气孔、疏松、飞边等缺陷），通过_____判定结果。

10）信息更新：机器人将检测后的_____转运至_____，通过RFID读写器写入托盘检测结果的信息后，机器人将托盘转运至_____。

11）机器人搬运成品：机器人更换托盘夹具，夹取成品托盘至_____。

12）AGV转运：AGV按指令行驶至_____，顶升机构开启，将成品托盘托起并转运至_____。

13）成品入库：三轴机械手移动至_____，取成品托盘，然后按设定程序转运至_____。

? 引导问题16：请根据系统控制要求思考并说明控制系统的硬件配置及应用软件。

项目 1　智能制造系统集成设计		任务 2　智能制造系统控制方案设计	
姓名：	班级：	日期：	检查页

检查验收

　　按照验收标准对任务完成情况进行检查验收和评价，包括毛坯件入库控制方式设计、毛坯件出库控制方式设计、毛坯件上料控制方式设计等，并对验收问题及其整改措施、完成时间进行记录。验收标准及评分表见表 2-5，将验收过程中发现的问题记录于表 2-6 中。

表 2-5　验收标准及评分表

序号	验收项目	验收标准	分值	教师评分	备注
1	毛坯件入库控制方式设计	设计合理，能够实现	10		
2	毛坯件出库控制方式设计	设计合理，能够实现	10		
3	毛坯件成品件转运的控制方式设计	设计合理，能够实现	10		
4	毛坯件上料控制方式设计	设计合理，能够实现	10		
5	毛坯件加工的控制方式设计	设计合理，能够实现	10		
6	毛坯件加工中在线测量的方式设计	设计合理，能够实现	10		
7	成品件下料的控制方式设计	设计合理，能够实现	10		
8	成品件检测的控制方式设计	设计合理，能够实现	10		
9	成品件入库的控制方式设计	设计合理，能够实现	10		
10	整体控制集成	设计合理，能够实现	10		
合计			100		

表 2-6　验收过程问题记录表

序号	验收问题记录	整改措施	完成时间	备注

项目 1　智能制造系统集成设计		任务 2　智能制造系统控制方案设计	
姓名：	班级：	日期：	评价页

评价反馈

　　各组展示智能制造系统控制方案，说明各生产流程环节的控制方法，叙述整个过程并提交阐述材料，进行学生自评、学生组内互评、教师评价，完成考核评价表（见表 2-7）。

　　? 引导问题 17：在本次任务完成过程中，你印象最深的是哪件事？

　　? 引导问题 18：你对生产流程各环节控制掌握了多少？请思考是否还有其他替代控制方法。

表 2-7　考核评价表

评价项目	评价内容	分值	自评 20%	互评 20%	教师评价 60%	合计
职业素养 40 分	安全意识、责任意识、服从意识	10				
	积极参加任务活动，按时完成工作页	10				
	团队合作、交流沟通能力	10				
	劳动纪律	5				
	现场 6S 标准	5				
专业能力 60 分	专业资料检索能力	10				
	制订计划能力	10				
	操作符合规范	15				
	工作效率	10				
	任务验收，质量意识	15				
合计		100				
创新能力 加分 20 分	创新性思维和行动	20				
总计		120				
教师签名：		学生签名：				

项目 1 智能制造系统集成设计		任务 2 智能制造系统控制方案设计	
姓名：	班级：	日期：	知识页

相关知识点： 生产工艺流程的控制过程

1）工艺规划及编程：根据产品进行生产工艺规划、数控加工编程、工业机器人编程、PLC 编程等工作。

2）毛坯件补料：人工将毛坯件放置于立体仓储各仓位托盘内。

3）毛坯件出库：设备开启自动运行模式，三轴机械手从立体仓库中按设定程序取毛坯托盘，并将其转运至中转台上。

4）AGV 转运：AGV 按设定程序行驶至中转位下，顶升机构开启，AGV 举起工件托盘，将其转运至缓冲位上。

5）机器人上料搬运：机器人更换托盘夹具，在缓冲位将托盘夹紧并按设定程序转运至信息识别台，通过 RFID 写入托盘上电子标签"待加工毛坯件"信息；然后机器人更换工件夹具，将托盘上的毛坯件取走并转运至小型加工中心的工装夹具上。

6）数控加工：工装自动夹紧毛坯件，加工中心按设定程序对毛坯件进行铣削作业。

7）在线测量：在线测量系统运行，探头按设定程序对加工件进行测量，配合软件对测量结果综合评估。

8）机器人下料搬运：机器人将成品工件夹取，加工工装松开，工件被转运至智能检测位。

9）智能检测：机器人将成品工件转运至视觉相机下，工业视觉系统对托盘中工件气孔、疏松、飞边等表面缺陷进行检测，并通过视觉处理软件判定结果。

10）信息更新：机器人将检测后的成品工件转运至信息识别台托盘上，通过 RFID 读写器写入托盘检测结果的信息。

11）机器人搬运成品：机器人更换托盘夹具，夹取成品托盘至缓冲位。

12）AGV 转运：AGV 按指令行驶至缓冲位，顶升机构开启，将成品托盘托起并转运至中转位。

13）成品入库：三轴机械手移动至中转位，取成品托盘，然后按设定程序转运至成品仓位。

扫码看知识 2：

生产工艺流程的控制过程

任务3 智能制造系统集成规划与设备选型

项目1 智能制造系统集成设计		任务3 智能制造系统集成规划与设备选型	
姓名：	班级：	日期：	任务页1

学习任务描述

　　零件加工智能制造系统主要由数控加工站、工业机器人站、智能物流站、智能仓储站和MES组成，需要进行系统集成规划，如用MES调度各站运行，主控PLC协调控制三轴机械手和立体仓储，对AGV转运、工业机器人动作、RFID信息读写、工业视觉系统、数控加工、在线测量等项目进行集成联控。本任务要求对智能制造系统的各子控制系统进行集成，并对各子系统进行设备选型，保证智能制造系统满足生产要求。

学习目标

　　1）了解智能制造系统的基本组成。

　　2）了解主控PLC与三轴机械手、工业机器人、数控加工中心、AGV转运系统、RFID信息读写系统、工业视觉系统等组成部分的集成设计方法。

　　3）对智能制造系统主控PLC与三轴机械手、工业机器人、数控加工中心、AGV转运系统、RFID信息读写系统、工业视觉系统等组成部分进行集成设计。

　　4）根据加工产品信息及加工要求，对工业机器人、数控加工设备、AGV、RFID信息读写设备、工业视觉系统进行选型和布局设计。

任务书

　　对于主要由数控加工站、工业机器人站、智能物流站、智能仓储站和MES组成的零件加工智能制造系统，请进行系统集成规划和设备选型。

　　1）根据生产工艺流程中各工序的控制方案要求制订各子系统集成方案。

　　2）根据生产工艺控制要求进行设备选型。

项目1　智能制造系统集成设计		任务3　智能制造系统集成规划与设备选型	
姓名：	班级：	日期：	任务页2

任务分组

　　将班级学生分组，可4～8人为一组，轮值安排组长，使每人都有机会锻炼自己的组织协调能力和管理能力。各组任务可以相同或不同，将任务分工列入表3-1。每人明确自己承担的任务，注意培养独立工作能力和团队协作能力。

表3-1　学生任务分工表

班级		组号		任务	
组长		学号		指导教师	
组员	学号	任务分工			备注

学习准备

　　1）通过信息查询获得关于系统及其子系统的设备知识，包括知名品牌、产品性能、应用领域、技术特点、发展规模，培养民族自豪感。

　　2）通过对各子系统分析，进行智能控制系统集成规划，培养自主学习能力、工程创新能力。

　　3）通过小组讨论，进行系统集成方案规划设计，培养团队协作精神。

　　4）在教师指导下完成整体智能制造系统集成方案设计，培养严谨、认真的职业素养和精益求精的工匠精神。

　　5）按照生产工艺控制要求，完成设备选型工作。设备选型应注重安全、节约、环保意识的养成，注重综合素养的培养和提升。

项目 1　智能制造系统集成设计		任务 3　智能制造系统集成规划与设备选型	
姓名：	班级：	日期：	信息页

获取信息

? 引导问题 1：自主学习智能制造系统结构与集成的相关知识。

? 引导问题 2：查阅资料，了解智能制造集成应用系统。

? 引导问题 3：根据本任务中智能制造系统中的各控制模块，考虑如何将各模块集成为一个整体系统，如何进行下列项目的集成规划：

① 主控 PLC 与三轴机械手控制系统的集成。

② 主控 PLC 与工业机器人系统的集成。

③ 主控 PLC 与数控加工中心系统的集成。

④ 主控 PLC 与 AGV 转运系统的集成。

⑤ 主控 PLC 与产品 RFID 信息读写系统的集成。

⑥ 主控 PLC 与工业视觉系统的集成。

⑦ MES（制造执行系统）和主控 PLC 的集成。

? 引导问题 4：智能制造系统如何确定设备的种类和布局形式？

? 引导问题 5：设备选型需要考虑哪些因素？

① 数控加工站设备选型需要考虑哪些因素？

② 工业机器人选型需要考虑哪些因素？

③ 智能物流站设备选型需要考虑哪些因素？

④ 智能仓储站设备选型需要考虑哪些因素？

项目 1　智能制造系统集成设计		任务 3　智能制造系统集成规划与设备选型	
姓名：	班级：	日期：	计划页

工作计划

按照任务书要求和获取的信息制订智能制造系统集成方案，包括主控 PLC 与三轴机械手控制系统集成方案设计、主控 PLC 与工业机器人系统集成方案设计、MES（制造执行系统）和主控 PLC 集成方案设计等工作内容和步骤，计划应考虑到安全、绿色与环保要素。将智能制造系统集成规划的工作计划列入表 3-2 中。

表 3-2　智能制造系统集成规划工作计划

步骤	工作内容	负责人
1	主控 PLC 与三轴机械手控制系统集成规划：	
2	主控 PLC 与工业机器人系统集成规划：	
3	主控 PLC 与数控加工中心系统集成规划：	
4	主控 PLC 与 AGV 转运系统集成规划：	
5	主控 PLC 与产品 RFID 信息读写系统集成规划：	
6	主控 PLC 与工业视觉系统集成规划：	
7	MES（制造执行系统）和主控 PLC 集成规划：	

? 引导问题 6：思考并列出在系统集成规划中各模块需要传递的数据。

? 引导问题 7：思考并列出各模块之间的通信方法。

项目1　智能制造系统集成设计		任务3　智能制造系统集成规划与设备选型	
姓名：	班级：	日期：	决策页

进行决策

对不同组员的工作计划进行对比、分析、论证，整合完善，形成小组决策，作为工作实施的依据。做出计划对比分析记录。将计划对比分析列入表3-3，小组决策方案列入表3-4。

表3-3　计划对比分析

组员	计划中的优点	计划中的缺陷	优化方案

表3-4　智能制造系统集成规划决策方案

步骤	工作内容	负责人

项目1　智能制造系统集成设计		任务3　智能制造系统集成规划与设备选型	
姓名：	班级：	日期：	实施页

工作实施

1. 智能制造系统集成规划

根据各部分的控制方案和通信关系，逐项进行智能制造系统中各部分的集成规划：

1）主控PLC与三轴机械手控制系统的集成。

2）主控PLC与工业机器人系统的集成。

3）主控PLC与数控加工中心系统的集成。

4）主控PLC与AGV转运系统的集成。

5）主控PLC与产品RFID信息读写系统的集成。

6）主控PLC与工业视觉系统的集成。

7）MES（制造执行系统）和主控PLC的集成。

2. 设备选型

根据零件加工生产步骤、要求及产品结构、尺寸、质量等属性，对生产设备进行初步选择，包括设备布局形式、功能模块定义、工业机器人的选型和通信方式、数控加工设备的选型、AGV系统选型、RFID信息读写设备选型、工业视觉系统选型等。

针对活塞加工步骤和产品尺寸，根据经验和调研初步确定生产所需要设备、工装等的种类、规格和质量量级，完成设备平面布局。

（1）数控加工站

①加工站台；②小型数控加工中心；③工装夹具；④在线测量系统。

（2）工业机器人站

根据设备所加工的产品质量，初步确定工业机器人负载、运动形式及运动范围等要求。结合设备与工装布置需求，确定工业机器人是否需要设置外部轴适当扩展运动范围。在满足功能的同时，工业机器人选型还需要对经济性进行考量。

①机器人站台体；②机器人本体及控制柜；③机器人行走平台；④机器人夹具；⑤RFID信息读写台；⑥工业视觉检测系统。

（3）智能物流站

①AGV；②中转检测台；③AGV导航方式。

（4）智能仓储站

①仓储货架；②三轴机械手；③工件托盘。

（5）电气控制系统

①电源；②PLC模块；③触摸屏；④步进控制器。

项目 1 智能制造系统集成设计		任务 3 智能制造系统集成规划与设备选型	
姓名：	班级：	日期：	检查页

检查验收

按照验收标准对任务完成情况进行检查验收和评价，包括主控 PLC 与三轴机械手控制系统集成方案设计、主控 PLC 与工业机器人系统集成方案设计、MES（制造执行系统）和主控 PLC 集成方案设计等内容，并将验收问题及其整改措施、完成时间进行记录。验收标准及评分表见表 3-5，将验收过程中发现的问题记录于表 3-6 中。

表 3-5　验收标准及评分表

序号	验收项目	验收标准	分值	教师评分	备注
1	主控 PLC 与三轴机械手控制系统集成方案设计	方案合理、可行	10		
2	主控 PLC 与工业机器人系统集成方案设计	方案合理、可行	10		
3	主控 PLC 与数控加工中心系统集成方案设计	方案合理、可行	10		
4	主控 PLC 与 AGV 转运系统集成方案设计	方案合理、可行	10		
5	主控 PLC 与产品 RFID 信息读写系统集成方案设计	方案合理、可行	10		
6	主控 PLC 与工业视觉系统集成方案设计	方案合理、可行	10		
7	MES（制造执行系统）和主控 PLC 集成方案设计	方案合理、可行	10		
8	各模块设备选型	设备选型符合要求	30		
合计			100		

表 3-6　验收过程问题记录表

序号	验收问题记录	整改措施	完成时间	备注

项目 1　智能制造系统集成设计	任务 3　智能制造系统集成规划与设备选型
姓名：　　　　　班级：	日期：　　　　　评价页

评价反馈

各组展示智能制造系统集成方案，说明各模块的集成方法，叙述整个过程并提交设计材料，进行学生自评、学生组内互评、教师评价，完成考核评价表（见表3-7）。

？引导问题8：在本次任务完成过程中，你印象最深的是哪件事？

？引导问题9：你对智能制造系统集成掌握了多少？各部分集成有哪些特点？

表 3-7　考核评价表

评价项目	评价内容	分值	自评 20%	互评 20%	教师评价 60%	合计
职业素养 40 分	安全意识、责任意识、服从意识	10				
	积极参加任务活动，按时完成工作页	10				
	团队合作、交流沟通能力	10				
	劳动纪律	5				
	现场 6S 标准	5				
专业能力 60 分	专业资料检索能力	10				
	制订计划能力	10				
	操作符合规范	15				
	工作效率	10				
	任务验收，质量意识	15				
合计		100				
创新能力 加分 20 分	创新性思维和行动	20				
总计		120				

教师签名：　　　　　　　　　　　　学生签名：

项目 1　智能制造系统集成设计		任务 3　智能制造系统集成规划与设备选型	
姓名：	班级：	日期：	知识页

相关知识点：智能制造系统结构与布局实例

1．结构与布局

智能制造集成应用平台 DLIM-441 基于模块化设计，由智能仓储站、智能物流站、机器人工作站和数控加工站四个工作站组成。各工作站的位置可根据场地情况灵活布置，可分别布置为一字形、L 形、T 形、品 (léi) 字形等组合形式。各工作站既可以单站运行，也可以两种及两种以上组合使用。

2．各工作站的组成

（1）数控加工站

（2）机器人工作站

（3）智能物流站

（4）智能仓储站

（5）制造执行系统（MES）

（6）数字化双胞胎应用平台

扫码看知识 3：

智能制造系统结构与布局实例

扫码看视频 2：

智能制造系统集成应用平台介绍

项目 2

智能制造系统编程与调试

项目 2　智能制造系统编程与调试		任务 4～任务 7	
姓名：	班级：	日期：	项目页

项目导言

　　本项目针对智能制造系统的集成应用，以智能制造系统编程与调试为学习目标，以任务驱动为主线，以工作进程为学习路径，对智能制造系统中主控 PLC 与 RFID 通信编程、主控 PLC 与 AGV 通信编程、视觉系统编程与调试、PLC 与工业机器人、视觉系统联合调试等相关的学习内容分别进行了任务部署，针对各项学习任务给出了任务要求、学习目标、工作步骤（六步法）、评价方案、学习资料等工作要求和学习指导。

项目任务

　　1. 主控 PLC 与 RFID 通信编程。

　　2. 主控 PLC 与 AGV 通信编程。

　　3. 视觉系统编程与调试。

　　4. PLC 与工业机器人、视觉系统联合调试。

项目学习摘要

任务4   主控 PLC 与 RFID 通信编程

项目2 智能制造系统编程与调试		任务4 主控 PLC 与 RFID 通信编程	
姓名：	班级：	日期：	任务页 1

学习任务描述

　　射频识别（Radio Frequency Identification，RFID）技术，又称为电子标签，可通过无线电信号识别特定目标并读写相关数据，是智能制造系统工作过程中对物料信息识别的常用技术。本学习任务要求安装及设置 RFID 读写器，通过 PLC 组态及编程实现对电子标签信息读写通信，以保证智能制造系统正常工作。

学习目标

　　（1）掌握 RFID 读写器接线端子的定义及作用。
　　（2）对 RFID 功能进行测试。
　　（3）完成 S7-1200 系列 PLC 与 SG-HR-I4 读写器的通信应用。

任务书

　　在零件加工智能制造系统中，工业机器人将物料托盘运至 RFID 读写信息台，RFID 读写器对托盘上的物料信息进行读写。现在需要机器人根据检测信息将托盘转运至中转台，要求在读写信息台将托盘物料信息通过 RFID 读写器写入电子标签。请完成 RFID 读写器安装、硬件组态和 PLC 编程。读写信息台如图 4-1 所示，SG-HR-14 读写器如图 4-2 所示，托盘及底部电子标签如图 4-3 所示。

　　RFID 读写器主要参数：无线协议 ISO-15693，工作频率为 13.56MHz，输出功率为 27.5dBm，无线速率为 26.5kbit/s，读写距离为 0 ～ 80mm，通信接口为 RS-485 或 POE，通信速率为 115200bit/s 或 10/100Mbit/s，电源电压为 DC18 ～ 30V，平均电流小于 0.07A，5 个 LED 指示灯，外形尺寸为 50mm×50mm×40mm，整机重量为 0.12kg。

图 4-1   读写信息台

图 4-2   SG-HR-14 读写器

图 4-3   托盘及底部电子标签

项目2　智能制造系统编程与调试			任务4　主控 PLC 与 RFID 通信编程	
姓名：		班级：	日期：	任务页2

任务分组

将班级学生分组，可4～8人为一组，轮值安排生成组长。使每个人都有锻炼自己的组织协调和管理能力的机会。明确每组的人员和任务分工，注意培养团队协作能力。将学生任务分工列入表4-1。

表4-1　学生任务分工表

班级		组号		任务	
组长		学号		指导教师	
组员	学号	任务分工			备注

学习准备

1）通过信息查询获得关于 RFID 技术应用知识，了解我国 RFID 技术发展现状，树立民族自豪感。

2）通过查阅资料比较国产品牌和进口品牌的异同，正视我国与世界知名品牌的差距，"师夷长技"，学习国外先进技术的同时努力推动国产 RFID 的发展和应用。

3）通过学习技术资料理解西门子 S7-1200 系列 PLC 与 RFID 读写器读写通信原理。

4）通过小组合作，团队协作制订 RFID 读写器安装、电子标签铺设和定位固定的工作计划并进行实施，培养严谨、认真的职业素养。

5）在教师指导下进行 PLC 组态及测试、编程、联调操作。

6）小组协作进行施工检查验收，解决信息读写通信中存在的问题，注重过程性评价，注重安全、节约、环保意识的养成，注重综合素养的培养和提升。

项目 2　智能制造系统编程与调试		任务 4　主控 PLC 与 RFID 通信编程	
姓名：	班级：	日期：	信息页

获取信息

? 引导问题 1：自主学习 RFID 应用的基础知识。

? 引导问题 2：查阅资料，了解 RFID 读写器及电子标签工作原理。

? 引导问题 3：说明 RFID 读写器如何安装、组态。

? 引导问题 4：什么是 OSI 对等模型？什么是 3964R 协议？

? 引导问题 5：西门子 S7-1200 系列 PLC 有哪些 FB 可以用于 RFID 读写器的读写通信？

? 引导问题 6：读写器与收发器（电子数据标签）之间的信息是如何传递的？

? 引导问题 7：读写器和收发器在信息识别系统中是如何安装的？

小提示

　　RFID 信息读写台主要由 RFID 读写器、读写台支架及定位销等组成，用于托盘电子标签信息的读写。

　　SG-HR-I4 读写器是一款一体式的高频 RFID 读写设备，工作频率为 13.56MHz，符合 ISO 15693 标准，支持 RS-485/TCP 通信。该读写器内置滤波和隔离模块，对 EMC 具有很强的抗干扰能力，一体式设计，结构紧凑，外壳采用高强度工程塑料，具有识别可靠、方便分布式部署等特点。

　　托盘为毛坯件、成品件共用式，主要由托板、底部定位销、电子标签等组成，RFID 读写器可将所载产品的信息写入电子标签。电子标签支持 ISO 15693 协议，工作频率为 13.56MHz，读写距离大于或等于 40mm。

项目 2　智能制造系统编程与调试		任务 4　主控 PLC 与 RFID 通信编程	
姓名：	班级：	日期：	计划页

工作计划

按照任务书要求和获取的信息制订 RFID 读写器安装、读写数据到电子标签的工作计划，包括部件、工具准备，工艺流程安排，检查调试等工作内容和步骤，完成信息读写工作计划，材料、工具、器件清单两个表格，分别见表 4-2 和表 4-3。工作中注意培养团队沟通协作能力。

表 4-2　信息读写工作计划

步骤	工作内容	负责人

表 4-3　材料、工具、器件计划清单

序号	名称	型号和规格	单位	数量	备注

？引导问题 8：RFID 读写器与 PLC 如何接线？彼此间的信息是如何传递的？

小提示

RFID 是物联网关键技术，以无线、泛在、高速互联为特征，融入工控网络可实现高实时性的工业通信。学习中要深刻理解 RS-232、RS-485、Modbus、CAN 等协议的细节，对数据帧、报文、消息等要有一定程度的掌握。目前大多数工业通信标准或者协议来自国外，如 CCLink、devicenet、ROS 系统。对此，一方面需要学习这些开源通信协议的实现细节，掌握通信序的编写、调试，为产业升级服务；同时也需要自强自励，吸收融合创新，刻苦攻关，打造中国自主的工业通信标准。

项目 2 智能制造系统编程与调试		任务 4 主控 PLC 与 RFID 通信编程	
姓名：	班级：	日期：	决策页

进行决策

对不同组员（或不同组别）的工作计划进行选材、工艺、施工方案的对比、分析、论证，整合完善，形成小组决策，作为工作实施的依据。将计划对比分析列入表 4-4，小组决策方案列入表 4-5，工具、器件最终清单列入表 4-6。

表 4-4 计划对比分析

组员	计划中的优点	计划中的缺陷	优化方案

表 4-5 信息读写决策方案

步骤	工作内容	负责人

表 4-6 工具、器件最终清单

序号	名称	型号和规格	单位	数量	备注

项目 2　智能制造系统编程与调试		任务 4　主控 PLC 与 RFID 通信编程	
姓名：	班级：	日期：	实施页 1

工作实施

S7-1200 系列 PLC 与 SG-HR-I4 读写器的通信设置和编程实施步骤如下。

（1）PLC 参数设置

打开 S7-1200 PLC 编程软件，按下列步骤设置 PLC 参数：①单击"设备组态"进入通信参数设置画面→
②在"PROFINET 接口"连接数据通信线→③在"以太网地址"设置地址，设置完成单击"保存"按钮，
设置 IP 地址如图 4-4 所示。

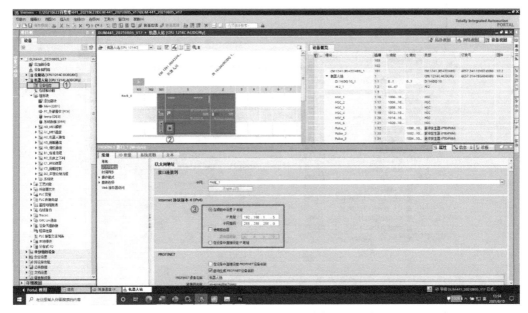

图 4-4　设置 IP 地址

（2）CONNECT 通信参数配置

用户可以直接在数据块中对 PLC 与读写器的 CONNECT 通信参数进行修改配置，具体操作如下。

1）打开数据块 TCON_Parm（DB1），在弹出的数据块中填写读写器的 ID 号、IP 地址和端口号。

2）配置时，注意以下事项：

①功能块实例 ID（多个时不能重复）：16#01。

②读写器 IP 地址：192.168.1.8。

③读写器通信端口：502。

3）设置完成后，编译保存程序即可。通信参数配置如图 4-5 所示。

项目 2　智能制造系统编程与调试	任务 4　主控 PLC 与 RFID 通信编程	
姓名：	班级：	日期：	实施页 2

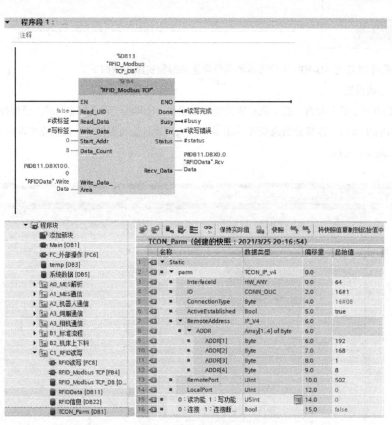

图 4-5　通信参数配置

（3）功能块程序解析

对主程序数据块各接口进行定义，主程序数据块如图 4-6 所示。

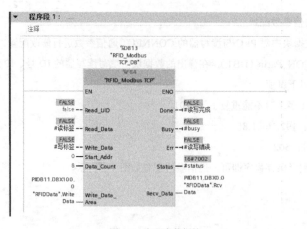

图 4-6　主程序数据块

项目 2　智能制造系统编程与调试		任务 4　主控 PLC 与 RFID 通信编程	
姓名：	班级：	日期：	实施页 3

1）输入引脚定义如图 4-7 所示。

引脚	类型	说明
Read_UID	Bool	读取标签 UID（高频）
Read_Data	Bool	读取标签数据
Write_Data	Bool	写入标签数据
Start_Addr	UDInt	起始寄存器地址
Data_Count	UInt	读写寄存器数量，最大边界以标签类型为准
Write_Data_Area	Array	数据写入缓冲区

注意："Read_UID""Read_Data""Write_Data"三个执行命令同时只接受一个命令触发，且命令有效执行周期为上升沿有效。

图 4-7　输入引脚定义

2）输出引脚定义如图 4-8 所示。

引脚	类型	说明
Done	Bool	指令完成状态
Busy	Bool	指令正在执行
Err	Bool	指令执行失败
Status	Word	输出状态值
Recv_Data	Array	接收数据缓存区

图 4-8　输出引脚定义

（4）读写标签数据

读写标签数据如图 4-9 所示。

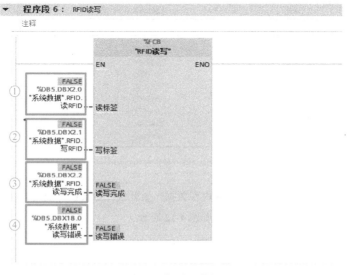

图 4-9　读写标签数据

项目 2　智能制造系统编程与调试		任务 4　主控 PLC 与 RFID 通信编程	
姓名：	班级：	日期：	实施页 4

　　1）将标签放置于读写器上，触发"读 UID 数据"上升沿，等待"指令完成状态"，由此判断执行是否成功。

　　2）如果执行成功，读取到的数据会放在"RFIDData.Data"缓存区。读取 UID 标签存储区域如图 4-10 所示。

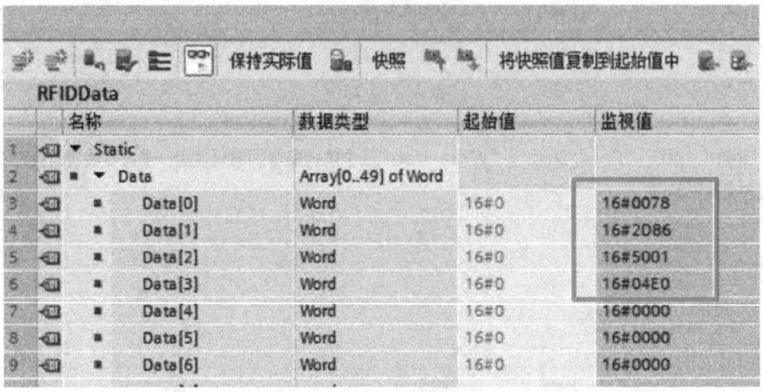

图 4-10　读取 UID 标签存储区域

　　3）将写入的数据放至"Write_Data_Area"，标签处于读写区域，触发"写标签内存数据"上升沿。写标签数据只有写入成功或写入失败两种状态。写入数据存储区域如图 4-11 所示。

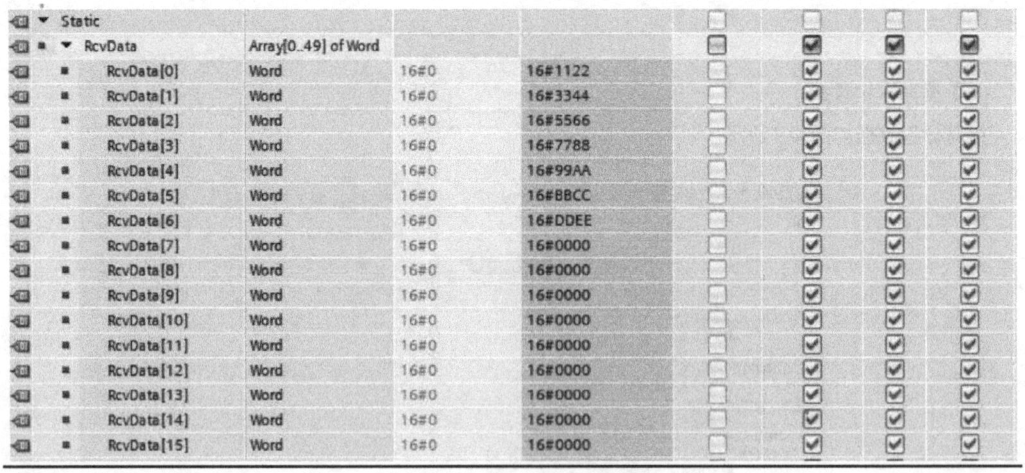

图 4-11　写入数据存储区域

　　4）标签处于读写区域，触发"读标签内存数据"上升沿，如果执行成功，读取到的数据会放在"RFIDData.Data"缓存区。读取数据存储区域如图 4-12 所示。

项目 2　智能制造系统编程与调试		任务 4　主控 PLC 与 RFID 通信编程	
姓名：	班级：	日期：	实施页 5

		Static						□	□	□	□
	■	▼ RcvData	Array[0..49] of Word					□	☑	☑	☑
	■	RcvData[0]	Word	16#0		16#1122		□	☑	☑	☑
	■	RcvData[1]	Word	16#0		16#3344		□	☑	☑	☑
	■	RcvData[2]	Word	16#0		16#5566		□	☑	☑	☑
	■	RcvData[3]	Word	16#0		16#7788		□	☑	☑	☑
	■	RcvData[4]	Word	16#0		16#99AA		□	☑	☑	☑
	■	RcvData[5]	Word	16#0		16#BBCC		□	☑	☑	☑
	■	RcvData[6]	Word	16#0		16#DDEE		□	☑	☑	☑
	■	RcvData[7]	Word	16#0		16#0000		□	☑	☑	☑
	■	RcvData[8]	Word	16#0		16#0000		□	☑	☑	☑
	■	RcvData[9]	Word	16#0		16#0000		□	☑	☑	☑
	■	RcvData[10]	Word	16#0		16#0000		□	☑	☑	☑
	■	RcvData[11]	Word	16#0		16#0000		□	☑	☑	☑
	■	RcvData[12]	Word	16#0		16#0000		□	☑	☑	☑
	■	RcvData[13]	Word	16#0		16#0000		□	☑	☑	☑
	■	RcvData[14]	Word	16#0		16#0000		□	☑	☑	☑
	■	RcvData[15]	Word	16#0		16#0000		□	☑	☑	☑

图 4-12　读取数据存储区域

? 引导问题 9：在信息读写的工作实施中，每一步骤的目的各是什么？

? 引导问题 10：请绘制信息读写工作流程框图。

小提示

在实际操作时，需要注意以下事项：

1. 下载的 CPU 与该示例程序所使用的 CPU 是否为相同类型？硬件版本是否相同？

2. 下载的示例程序所使用的软件库版本与当前的 CPU 硬件版本是否相同？

3. 所使用的 RFID 读写器与示例程序中所使用的 SG-HR-I4 是否相同？

4. 所使用的 RFID 数据载体与示例程序中所使用的 SG-HR-I4 是否相同？

项目 2　智能制造系统编程与调试		任务 4　主控 PLC 与 RFID 通信编程	
姓名：	班级：	日期：	检查页

检查验收

　　按照验收标准对任务完成情况进行检查验收和评价，包括安装接线质量、参数配置质量、编写、调试程序准确性等，并对验收问题及其整改措施、完成时间进行记录。验收标准及评分表见表 4-7，将验收过程中发现的问题记录于表 4-8 中。

表 4-7　验收标准及评分表

序号	验收项目	验收标准	分值	教师评分	备注
1	读写器安装质量	读写器与 PLC 连接正确，是否正常供电	20		
2	硬件组态质量	电源灯与通信灯常亮	20		
3	程序编写及下载	程序功能正常，通信块不报错	30		
4	实验步骤及结果	操作合理，功能正常，能读写信息	30		
	合计		100		

表 4-8　验收过程问题记录表

序号	验收问题记录	整改措施	完成时间	备注

　　? 引导问题 11：如何实现多个标签读写？

小提示

　　请阅读《ISO 15693 标准 RFID 读写器开发手册》，加深对无线射频技术的理解，应该会有更多的收获。

项目 2 智能制造系统编程与调试		任务 4 主控 PLC 与 RFID 通信编程	
姓名：	班级：	日期：	评价页

评价反馈

各组展示工作效果，介绍任务的完成过程并提交阐述材料，进行学生自评、学生组内互评、教师评价，完成考核评价表（见表 4-9）。

? 引导问题 12：在本次任务完成过程中，给你印象最深的是哪件事？

? 引导问题 13：你对 RFID 了解了多少？还想继续学习关于 RFID 的哪些内容？

表 4-9 考核评价表

评价项目	评价内容	分值	自评 20%	互评 20%	教师评价 60%	合计
职业素养 40分	安全意识、责任意识、服从意识	10				
	积极参加任务活动，按时完成工作页	10				
	团队合作、交流沟通能力	10				
	劳动纪律	5				
	现场 6S 标准	5				
专业能力 60分	专业资料检索能力	10				
	制订计划能力	10				
	操作符合规范	15				
	工作效率	10				
	任务验收，质量意识	15				
合计		100				
创新能力 加分20分	创新性思维和行动	20				
总计		120				

教师签名：   学生签名：

项目 2　智能制造系统编程与调试		任务 4　主控 PLC 与 RFID 通信编程	
姓名：	班级：	日期：	知识页

 **相关知识点：** RFID 基础知识

1．工业通信的概念

工业通信的实质就是实现高速、安全地对单个（多个）位或寄存器进行读写，以实现状态检测和集成控制，是实现智能制造系统集成的关键技术。在工控领域广泛使用串口、总线及网络来实现不同控制器之间的数据通信。任何一种通信技术都是由硬件安装接线、参数配置和编程调试三部分完成的。在实际工作中还要求同学们理解并掌握各种通信协议的细节，以便顺利完成上述工作。

常用的串口通信有 RS-232C、RS-485、RS-422、无线射频技术、WIFI 技术、蓝牙技术等，已经在物联网系统大量使用，USB 及无线通信也会应用到工控领域中，常见的总线有 Modbus、CAN、Profibus、CCLink 等。工业以太网现在已经使用工业 502 端口来实现 TCP 通信，典型的应用有 Modbus TCP、Devicenet、ROS 系统等。选择通信方式时，要考虑到绿色环保与节能要素，进行技术经济性评价。

2．RFID 硬件知识

以 SG-HR-I4 读写器为例。

（1）接线说明

（2）LED 定义

（3）RFID 功能测试步骤

扫码看知识 4：

RFID 基础知识

扫码看视频 3：

RFID 安装配置

任务 5　主控 PLC 与 AGV 通信编程

项目 2　智能制造系统编程与调试		任务 5　主控 PLC 与 AGV 通信编程	
姓名：	班级：	日期：	任务页 1

学习任务描述

智能制造系统集成应用平台中物料传送方法之一是利用自动导引运输车（Automated Guided Vehicle，AGV）搬运。观看零件加工智能制造系统工作过程实例视频，其中有 AGV 按工作流程将物料从中转位运送到缓冲位。本学习任务要求对 AGV 的路径进行规划，完成运行程序的写入和通信，并进行路径的测试，实现智能制造系统中 AGV 运送物料的功能。

学习目标

（1）了解 AGV 的应用特点、发展历史和工作原理。

（2）了解 AGV 的常用导航方式和定位方式。

（3）了解 AGV 的磁导航工作原理。

（4）根据工作要求完成 AGV 导航磁条的铺设以及定位芯片位置的固定。

（5）根据控制要求完成 AGV 运行程序的编写和通信。

任务书

在零件加工智能制造集成应用系统中，用一台 AGV 传送物料，请完成从物料中转位到缓冲位之间的 AGV 路径设置、AGV 导航磁条铺设和芯片位置固定的工作，完成运行程序的写入和通信，并进行路径的测试，以实现 AGV 在两个工位之间沿正确轨迹运动和准确定位。零件加工智能制造系统的中转位、缓冲位示意图和 AGV 外形图如图 5-1 所示。

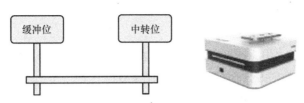

图 5-1　中转位、缓冲位示意图和 AGV 外形图

任务分组

将班级学生分组，可 4 ～ 8 人为一组，轮值安排组长，使每人都有机会锻炼自己的组织协调能力和管理能力。各组任务可以相同或不同，将任务分工列入表 5-1。每人明确自己承担的任务，注意培养独立工作能力和团队协作能力。

项目2　智能制造系统编程与调试			任务5　主控PLC与AGV通信编程	
姓名：	班级：		日期：	任务页2

表5-1　学生任务分工表

班级		组号		任务		
组长		学号		指导教师		
组员	学号	任务分工				备注

学习准备

1）通过信息查询获得关于AGV的应用知识。包括知名品牌、产品性能、应用领域、技术特点、发展规模，了解我国AGV领域自主研发的能力，树立民族自豪感。

2）通过查阅技术资料，理解AGV程序写入的方法，并能将学到的知识在实际中学以致用。

3）小组团队协作，制订AGV导航磁条铺设和定位芯片位置固定的工作计划。

4）在教师指导下，按照工艺要求完成AGV导航磁条铺设以及定位芯片位置固定的施工操作。

5）在教师指导下，按照工艺要求完成运行程序的写入，培养严谨认真的职业素养。

6）在教师指导下，根据AGV的通信方法完成AGV的通信。反复实践通信过程，熟练掌握通信方法。

7）小组进行施工检查验收，测试AGV运行情况，完成整个控制流程。培养安全意识和一丝不苟的工匠精神。

项目 2　智能制造系统编程与调试		任务 5　主控 PLC 与 AGV 通信编程	
姓名：	班级：	日期：	信息页

获取信息

　　? 引导问题 1：自主学习 AGV 应用的基础知识。读书之法在于循序而渐进，熟读而精思，对于基础理论知识，要及时总结、深入思考，培养善于搜集信息、勤于思考的能力。

　　? 引导问题 2：观看智能制造集成应用系统零件加工流程视频，了解 AGV 工作的步骤。

　　? 引导问题 3：请描述 AGV 的转运步骤。

　　? 引导问题 4：AGV 常用导航方式和定位方式分别有哪几种？

　　? 引导问题 5：需要接收的 AGV 信号有哪些？需要发送到 AGV 的信号有哪些？

　　? 引导问题 6：分析 AGV 与上位控制系统 PLC 之间的通信关系。

　　? 引导问题 7：查阅资料，写出 AGV 小车的工作流程。

　　? 引导问题 8：AGV 与导航磁条之间的信息是如何传递的？

　　? 引导问题 9：导航磁条和定位芯片在 AGV 系统中是如何安装的？

　　? 引导问题 10：查询资料，写出导航磁条的铺设工艺要求。

　　? 引导问题 11：写出 AGV 小车控制流程。

　　? 引导问题 12：根据图 5-2 所示智能制造系统 AGV 与导航磁条样例，指出各部分名称，画出 AGV 运动过程框图。

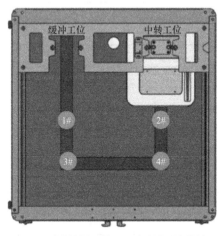

图 5-2　智能制造系统 AGV 与导航磁条样例

小提示

　　AGV 作为物料托盘转运的运载工具，运动可靠、定位准确、动作灵活、性价比高。其主要技术参数：载重 ≥ 5kg，工作电压为 12V，外部充电器充电，连续工作时间 4h，运行速度为 0 ～ 6m/min，爬坡角度 ≤ 3°，通信方式为 WIFI，磁导航 +RFID，驱动方式为四轮驱动 + 麦克纳姆轮，控制方式为 WIFI 控制（PLC/PC），定位精度为 ±5mm，尺寸为 340mm × 290mm，重量 ≤ 15kg。

项目 2　智能制造系统编程与调试	任务 5　主控 PLC 与 AGV 通信编程
姓名：　　　　班级：	日期：　　　　计划页

工作计划

1）按照任务书要求和获取的信息制订从物料中转工位到缓冲工位铺设 AGV 路径导航磁条和对定位芯片位置固定的工作方案，包括部件、材料、工具准备，工艺流程安排，检查调试等工作内容和步骤，完成 AGV 路径设置工作方案，材料、工具、器件计划清单两个表格，分别见表 5-2 和表 5-3。

表 5-2　AGV 路径设置工作方案

步骤	工作内容	负责人

表 5-3　材料、工具、器件计划清单

序号	名称	型号和规格	单位	数量	备注

2）根据任务书要求，以小组为单位，制订 AGV 运行程序写入及通信的工作方案，包括小车的出库和入库流程，小车参数设置及 ModbusTCP 通信设置，见表 5-4。

表 5-4　AGV 程序写入及通信工作方案

步骤	工作内容	负责人

项目 2　智能制造系统编程与调试		任务 5　主控 PLC 与 AGV 通信编程	
姓名：	班级：	日期：	决策页 1

进行决策

　　对不同组员（或不同组别）的工作计划进行选材、工艺、施工方案的对比、分析、论证，整合完善，形成小组决策，作为工作实施的依据。将计划对比分析列入表 5-5，小组决策方案列入表 5-6，材料、工具、器件最终清单列入表 5-7，程序写入及通信策略列入表 5-8。

表 5-5　计划对比分析

组员	计划中的优点	计划中的缺陷	优化方案

表 5-6　AGV 路径设置决策方案

步骤	工作内容	负责人

表 5-7　材料、工具、器件最终清单

序号	名称	型号和规格	单位	数量	备注

项目 2 智能制造系统编程与调试		任务 5 主控 PLC 与 AGV 通信编程	
姓名：	班级：	日期：	决策页 2

表 5-8   程序写入及通信策略

步骤	工作内容	负责人

? 引导问题 13：画出 AGV 导航磁条铺设施工流程框图。

? 引导问题 14：列表写出 AGV 的逻辑控制指令。

小提示

　　AGV 磁导航原理：磁导航技术是通过在 AGV 行驶的线路上铺设磁条，并使磁条磁场的方向一致。AGV 上的磁传感器可以通过检测磁场识别路径所在，以使 AGV 保持在磁轨道内；而磁传感器对磁场方向的检测可让 AGV 辨识运动的方向。通过磁传感器与磁条的配合实现磁导航。

项目 2　智能制造系统编程与调试		任务 5　主控 PLC 与 AGV 通信编程	
姓名：	班级：	日期：	实施页 1

工作实施

1. 按以下步骤实施 AGV 导航磁条铺设及芯片位置固定

在 AGV 导航磁条铺设以及定位芯片位置固定的施工操作中，应遵章守则、规范操作，需要考虑到绿色环保与节能要素。

（1）铺设 AGV 导航磁条的施工步骤

1）清洁 AGV 运动台面，达到台面平整、干净、干燥的要求，以保证磁条在用其背面的双面胶粘贴到地面时牢固、可靠。

2）预先画好欲铺设的线路，以保证磁条铺设平整、美观。

3）磁条粘贴后需要在磁条上轻轻碾压一遍，以确保磁条与地面之间粘贴牢固。

4）在两根磁条交叉处，应将各磁条延长铺设至相交点外沿再截断。

5）磁条铺设完成后，可在磁条表面再贴一层透明胶带作为保护层，防止磁条表面磨损。

磁条铺设样例参见图 5-2。

? 引导问题 15：导航磁条铺设工作实施中有哪些安全注意事项？请结合规范、安全、绿色、节约等要素进行说明。

? 引导问题 16：在磁条铺设的实施中，遇到了哪些计划中没有考虑到的问题？是如何解决的？

? 引导问题 17：在磁导航方式中，除了磁条导航，还有其他什么导航方式？它们各有什么特点？

小提示

AGV 定位原理：在地面上固定磁性材料，在 AGV 车体下方固定磁性感应器，磁性感应器检测到地面上预先布置好的磁条后，将检测到的信号传给车载控制器，由车载控制器进行导引计算和控制。

项目 2 智能制造系统编程与调试		任务 5 主控 PLC 与 AGV 通信编程	
姓名：	班级：	日期：	实施页 2

（2）定位芯片位置固定的施工步骤

1）以零件智能制造系统为例，参见图 5-2，在方框位置分别贴上 1 号、2 号、3 号、4 号芯片。

2）3 号和 4 号芯片贴在两个磁条的交叉位置。

3）1 号和 2 号芯片位于如图 5-2 所示位置，与 3 号和 4 号分别相隔 100mm。

4）当 AGV 向工位运动，读到 1 号芯片（或 2 号芯片）时，AGV 接收到减速信号，于是 AGV 开始减速，至右侧柱体停止。

？引导问题 18：在芯片位置固定的工作实施中，每一步骤的目的是什么？

？引导问题 19：1 号、2 号、3 号、4 号分别是什么芯片？请分析它们的作用。

？引导问题 20：在已完成从物料中转位到物料缓冲位的 AGV 路径设置后，思考并说明如果从物料缓冲位到中转位返回，AGV 路径设置与前者有何异同？

2. AGV 运行程序写入及 AGV 通信步骤

导轨铺设完毕后，按以下步骤完成 AGV 程序写入和通信设置。

（1）分析 AGV 需要接收和发送的信号

需要接收的 AGV 的信号：① AGV 的 ID 号；② AGV 的速度；③ AGV 的电量；④ 顶升状态。

需要发送到 AGV 的信号：发送位置号给 AGV。

（2）AGV 小车的出入库控制流程

1）出库控制流程。

① PLC 接收到出库指令，判断小车位置，此时小车位置应该在缓冲位，若不在，由人工重新启动 AGV 运行至缓冲位。

② 机械手从立体仓库取出料盘放到中转位，PLC 给 AGV 发送控制命令，让 AGV 取料并把料运送至缓冲位。

2）入库控制流程。

① PLC 接收到入库指令，判断小车位置，此时小车位置应该在检测位，若不在，由人工重新启动 AGV 运行至缓冲位。

② 当机器人放料到缓冲位后，PLC 给 AGV 发送控制命令，让 AGV 取料并把料运送至中转位，放置完成后，回缓冲位。

（3）连接服务器

1）服务器 IP 地址：192.168.1.2。

2）小车 IP 地址：192.168.1.4，端口号 2000。

项目 2　智能制造系统编程与调试		任务 5　主控 PLC 与 AGV 通信编程	
姓名：	班级：	日期：	检查页

检查验收

按照验收标准对任务完成情况进行检查验收和评价，包括工艺质量、施工质量、AGV 运动稳定性和定位准确性等，并将验收问题及其整改措施、完成时间进行记录。验收标准及评分表见表 5-9，将验收过程中发现的问题记录于表 5-10 中。

表 5-9　验收标准及评分表

序号	验收项目	验收标准	分值	教师评分	备注
1	磁条铺设工艺质量	轨道铺设线路符合运行要求，误差≤5mm	10		
2	芯片固定施工质量	芯片固定位置符合要求，误差≤5mm	10		
3	AGV 回原点	AGV 能运行到缓冲位并停止，升降不碰周转台	20		
4	AGV 通信	在触摸屏上控制 AGV 运行，测试通信是否正常	20		
5	AGV 运动稳定性	负载运行 AGV，运行 10 次以上，查看是否有误差	20		
6	AGV 定位准确性	人为移动小车，使车体的中心线偏离轨道中心，AGV 前方处在偏离轨道的位置，启动 AGV，看小车能否自动回到既定的轨道上	20		
合计			100		

表 5-10　验收过程问题记录表

序号	验收问题记录	整改措施	完成时间	备注

? 引导问题 21：若导航路径偏移，应如何调整？

? 引导问题 22：AGV 抵达缓冲位时定位不准确的原因是什么？

项目 2　智能制造系统编程与调试		任务 5　主控 PLC 与 AGV 通信编程	
姓名：	班级：	日期：	评价页

评价反馈

各组展示作品，介绍任务的完成过程并提交阐述材料，进行学生自评、学生组内互评、教师评价，完成考核评价表（见表 5-11）。

？引导问题 23：在本次任务完成过程中，给你印象最深的是哪件事？提高总结能力，发现自身问题，找寻努力方向。

？引导问题 24：你对 AGV 了解了多少？还想继续学习关于 AGV 的哪些内容？

表 5-11　考核评价表

评价项目	评价内容	分值	自评 20%	互评 20%	教师评价 60%	合计
职业素养 40 分	爱岗敬业，安全意识、责任意识、服从意识	10				
	积极参加任务活动，按时完成工作页	10				
	团队合作、交流沟通能力、集体主义精神	10				
	劳动纪律，职业道德	5				
	现场 6S 标准，行为规范	5				
专业能力 60 分	专业资料检索能力，中外品牌分析，了解我国 AGV 领域发展	10				
	制订计划能力，严谨认真	10				
	操作符合规范，精益求精，工匠精神	15				
	工作效率，分工协作	10				
	任务验收，质量意识	15				
合计		100				
创新能力 加分 20 分	创新性思维和行动	20				
总计		120				

教师签名：　　　　　　　　　　　学生签名：

项目 2　智能制造系统编程与调试		任务 5　主控 PLC 与 AGV 通信编程	
姓名:	班级:	日期:	知识页

相关知识点： AGV 概述

一、AGV 的定义

AGV（Automated Guided Vehicle）即自动导引运输车，是指装备有电磁或光学等自动导引装置，能够沿规定的导引路径行驶，具有安全保护及各种移载功能的运输车。

二、AGV 的特点

AGV 以轮式移动为特征，较之步行、爬行或其他非轮式移动机器人，具有行动快捷、工作效率高、结构简单、可控性强、安全性好等优势。与物料输送中常用的其他设备相比，AGV 的活动区域无须铺设轨道、支座架等固定装置，不受场地、道路和空间的限制。因此，在自动化物流系统中，最能充分地体现其自动性和柔性，实现高效、经济、灵活的无人化生产。

三、AGV 的发展历史

四、AGV 的工作原理

五、AGV 的控制系统

六、AGV 的常用导航方式

七、AGV 的定位方式

八、AGV 的应用领域

九、AGV 的通信方式

扫码看知识 5：

AGV 概述

扫码看视频 4：

AGV 出入库

任务6 视觉系统编程与调试

项目2 智能制造系统编程与调试		任务6 视觉系统编程与调试	
姓名：	班级：	日期：	任务页 1

学习任务描述

智能制造系统中物料智能化识别的方法之一是通过视觉相机对物料进行识别。观看零件加工智能制造集成应用系统中智能视觉识别工作过程实例，其中有零件物料的智能视觉识别：视觉系统对数控机床加工后的成品件进行识别。本学习任务要求了解视觉系统的编程知识，在视觉系统编写程序，对加工后的成品件进行识别，显示成品件质量信息。

学习目标

（1）了解机器视觉系统的主要应用和发展。

（2）了解视觉系统的组成和图像处理原理。

（3）用视觉系统编程软件进行参数设置及编程控制。

（4）利用视觉系统对大、小活塞零件进行识别和区分。

任务书

在智能制造系统的物料智能识别工作中，请完成视觉系统的工业相机标定、光源亮度调整、视觉系统的程序编写工作；对大活塞和小活塞进行智能识别；在视觉系统中显示指定的活塞零件位置坐标信息。活塞零件、视觉系统（工业相机、控制器）如图6-1所示。

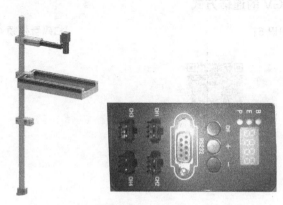

a) 活塞零件 b) 视觉系统

图6-1 活塞零件、视觉系统（工业相机、控制器）

项目 2 智能制造系统编程与调试		任务 6 视觉系统编程与调试	
姓名：	班级：	日期：	任务页 2

任务分组

将班级学生分组，可 4～8 人为一组，轮值安排组长，使每人都有机会锻炼自己的组织协调能力和管理能力。各组任务可以相同或不同，每人明确自己承担的任务，注意培养独立工作能力和团队协作能力，将任务分工列入表 6-1。

表 6-1 学生任务分工表

班级		组号		任务		
组长		学号		指导教师		
组员	学号		任务分工			备注

学习准备

1）通过信息查询了解关于机器视觉的应用，包括国内外机器视觉软件的品牌、技术特点，国内主流软件应用领域，树立民族自豪感。

2）查阅技术资料，理解视觉系统对活塞图像识别的原理。

3）通过小组团队协作，制订视觉系统光源亮度调整和程序编写思路的工作计划。

4）在教师指导下，按照技术要求完成工业相机的光源亮度调整，培养严谨、认真的职业素养。

5）在教师指导下，对指定形状的活塞进行识别，编写识别程序，培养精益求精的工匠精神。

6）小组协作进行施工检查验收，解决活塞形状识别存在的问题，注重综合素养的培养和提升。

项目 2　智能制造系统编程与调试		任务 6　视觉系统编程与调试	
姓名：	班级：	日期：	信息页

获取信息

? 引导问题 1：自主学习视觉系统在工业中应用的基础知识。

? 引导问题 2：查阅资料，了解视觉系统图像识别的工作原理。

? 引导问题 3：机器视觉系统中主要组成部分有：光源、_____、_____、_____等。

? 引导问题 4：光源是机器视觉系统的重要组成部分，它有哪些作用？

? 引导问题 5：描述图 6-1 所示视觉系统的工作过程。

? 引导问题 6：机器视觉系统如何实现对物料形状的识别？

? 引导问题 7：视觉系统中为什么需要相机标定？

? 引导问题 8：视觉系统为什么需要对物料进行颜色提取？

? 引导问题 9：查询资料，写出相机光源的亮度调整注意事项。

小提示

机器视觉系统在工业自动化中应用广泛，使用机器视觉系统对大、小活塞进行识别，具有效率高、检测便捷等特点。本智能制造系统机器视觉识别系统软件使用的是海康威视的 VisionMaster 算法平台，适用多种应用场景，可对工件或被测物进行查找、测量、缺陷检测等，所带视觉分析工具库，性能稳定、用户操作界面友好，可灵活搭建机器视觉应用方案，实现视觉定位、测量、检测和识别等功能。

项目 2　智能制造系统编程与调试		任务 6　视觉系统编程与调试	
姓名：	班级：	日期：	计划页

工作计划

按照任务书要求和获取的信息制订活塞物料形状的视觉识别工作方案，包括相机标定、相机光源调整、形状识别的程序设计流程，检查调试等工作内容和步骤，完成视觉系统物料图形识别的工作方案，团队分工合作。将视觉系统物料图形识别工作方案列入表 6-2。

表 6-2　视觉系统物料图形识别工作方案

步骤	工作内容	负责人

? 引导问题 10：图像识别中图像特征值匹配的原理是什么？

? 引导问题 11：视觉系统中标定转换的作用是什么？

? 引导问题 12：相机图像采集模块为什么需要选择像素格式"MONO8"？

? 引导问题 13：在高精度特征匹配中，模板匹配参数配置的调整对活塞形状位置识别的准确性有哪些影响？

小提示

图像特征值匹配应用：通过模板图像的几何特征学习模型，对目标图像进行查找匹配，通常应用于目标跟踪、物体识别、检测和图像拼接等领域。

项目 2 智能制造系统编程与调试		任务 6 视觉系统编程与调试	
姓名：	班级：	日期：	决策页

进行决策

对不同组员（或不同组别）的工作计划进行策略和施工方案的对比、分析、论证，整合完善，形成小组决策，作为工作实施的依据。将计划对比分析列入表 6-3，小组决策方案列入表 6-4。

表 6-3   计划对比分析

组员	计划中的优点	计划中的缺陷	优化方案

表 6-4   物料视觉识别系统决策方案

步骤	工作内容	负责人

项目 2　智能制造系统编程与调试		任务 6　视觉系统编程与调试	
姓名：	班级：	日期：	实施页 1

工作实施

按以下步骤实施视觉系统的编程与调试。

1. 新建视觉识别方案

（1）添加相机图像模块

拖动"相机图像"模块到流程编辑区，单击"相机图像"模块，在"常用参数"选项卡中更改"触发源"和"像素格式"。可单击触发源的列表框，选择"SOFTWARE"，在"SOFTWARE"模式下单击"连续运行"即可连续预览图像。"相机图像"模块参数设置如图 6-2 所示。

图 6-2　"相机图像"模块参数设置

（2）添加字符比较模块

拖动"字符比较"模块到流程编辑区，双击"字符比较"模块，在本任务中，"输入文本"项选择"外部通讯→TRIGGER_STRING"，在"文本列表"项添加两个"索引"和"文本"，表示视觉系统识别大、小两个活塞。"字符比较"模块参数设置如图 6-3 所示。

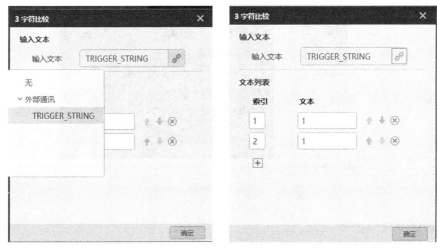

图 6-3　"字符比较"模块参数设置

项目 2　智能制造系统编程与调试		任务 6　视觉系统编程与调试	
姓名：	班级：	日期：	实施页 2

（3）添加分支模块

根据方案实际需求对不同的分支模块配置不同的条件输入值。当输入条件为"1"时，执行小活塞识别分支模块，当输入条件为"2"时，执行大活塞识别分支模块。"分支模块"参数设置如图 6-4 所示。

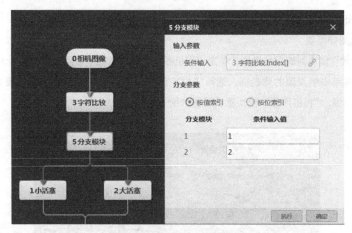

图 6-4　"分支模块"参数设置

（4）快速特征匹配模块

快速特征匹配模块使用图像的边缘特征作为模板，按照预设的参数确定搜索空间，在图像中搜索与模板相似的目标，用于定位活塞的位置参数。先双击配置参数，再单击"+"创建特征模板，选择"定义建模区域"。"快速特征匹配"模块参数设置如图 6-5 所示。

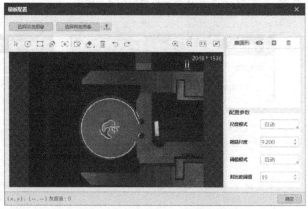

图 6-5　"快速特征匹配"模块参数设置

（5）格式化模块

通过格式化工具可以把活塞位置数据整合并格式化成字符串输出，本任务输出符合四轴机器人识别的指定格式，即："X 坐标 ,Y 坐标 ,角度 ;"。"格式化"模块基本参数配置如图 6-6 所示。

项目 2　智能制造系统编程与调试		任务 6　视觉系统编程与调试	
姓名：	班级：	日期：	实施页 3

（6）发送数据模块

通过"发送数据"模块可把视觉判断结果发送至主控 PLC,如图 6-7 所示。

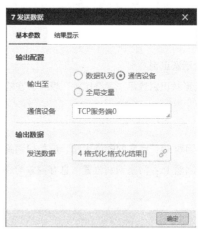

图 6-6　"格式化"模块基本参数配置　　　　图 6-7　发送数据设置

2. 物料识别

（1）小活塞识别

小活塞形状识别选择"字符比较"模块,在输入文本框中填入"1",表示识别的是小活塞,运行视觉系统,再逐一单击以下模块。

1）"快速特征匹配"模块,如图 6-8 所示。

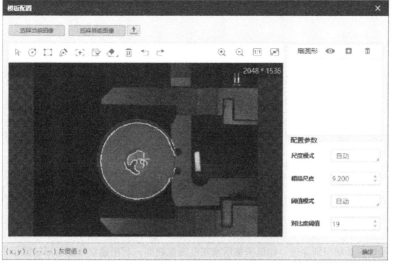

图 6-8　快速特征匹配小活塞

项目2 智能制造系统编程与调试		任务6 视觉系统编程与调试	
姓名：	班级：	日期：	实施页4

2）"格式化"模块查看结果，如图6-9所示。

序号	时间	模块数据
126	2021-05-22 00:34:18	匹配结果0:中心点(410.070,291.092) 匹配点(410.834,291.143) 角度 = -0.007

图6-9   格式化输出小活塞位置数据

（2）大活塞识别

大活塞形状识别选择"字符比较"模块，在输入文本框中填入"2"，表示识别的是大活塞，设置方法同小活塞。

? 引导问题14：活塞的图像太暗，应如何调整光源？

? 引导问题15：活塞识别位置信息有偏差的原因是什么？

小提示

大、小活塞物料形状识别原理：相机采集活塞灰度图像数据，利用建立的图形形状模板进行快速特征匹配，识别模板中的图形形状，并输出物料的位置信息。

项目2　智能制造系统编程与调试		任务6　视觉系统编程与调试	
姓名：	班级：	日期：	检查页

检查验收

　　按照验收标准对任务完成情况进行检查验收和评价，包括光源亮度、相机标定、大小活塞物料位置信息准确性等，并对验收问题及其整改措施、完成时间进行记录。验收标准及评分表见表6-5，将验收过程中发现的问题记录于表6-6中。

表6-5　验收标准及评分表

序号	验收项目	验收标准	分值	教师评分	备注
1	光源亮度调整	光源亮度适中，不能太亮，也不能太暗，相机能正常拍摄物料图像	10		
2	相机图像	选择MONO8格式，输出完整物料灰度图像，单击运行按钮有图像显示	15		
3	分支模块	能与两个快速特征模块连接	20		
4	高精度特征值匹配	特征模板配置正确，视觉系统能准确识别指定的活塞物料	25		
5	格式化	格式化基本参数配置正确，正确输出识别的通信格式	15		
6	发送数据	查看发送结果是否正确	15		
合计			100		

表6-6　验收过程问题记录表

序号	验收问题记录	整改措施	完成时间	备注

项目2　智能制造系统编程与调试			任务6　视觉系统编程与调试	
姓名：	班级：	日期：		评价页

评价反馈

　　各组展示作品，介绍任务的完成过程并提交阐述材料，进行学生自评、学生组内互评、教师评价，完成考核评价表 (见表 6-7)。

　　? 引导问题 16：在本次任务完成过程中，给你印象最深的是哪件事？

　　? 引导问题 17：你对机器视觉系统了解了多少？还想继续学习关于机器视觉的哪些内容？

表 6-7　考核评价表

评价项目	评价内容	分值	自评 20%	互评 20%	教师评价 60%	合计
职业素养 40分	爱岗敬业，安全意识、责任意识、服从意识	8				
	积极参加任务活动，按时完成工作页	8				
	团队合作、交流沟通能力、集体主义精神	8				
	劳动纪律，职业道德	8				
	现场 6S 标准，行为规范	8				
专业能力 60分	专业资料检索能力，中外品牌分析能力	10				
	制订计划能力，严谨认真	10				
	操作符合规范，精益求精	15				
	工作效率，分工协作	10				
	任务验收，质量意识	15				
	合计	100				
创新能力 加分20分	创新性思维和行动	20				
	总计	120				
教师签名：			学生签名：			

项目 2 智能制造系统编程与调试		任务 6 视觉系统编程与调试	
姓名：	班级：	日期：	知识页

相关知识点： 视觉系统基础知识

一、视觉系统概述

人类从外界环境获取的信息中有 80% 是通过视觉来感知的，机器视觉系统是智能制造的必备条件。机器视觉是通过光学装置接收、处理真实场景的图像，以获得所需信息或用于控制机器人运动的技术。

二、机器视觉系统的主要应用领域

机器视觉系统在工业制造生产中广泛应用。例如，汽车零配件制造企业利用机器视觉系统采集、分析生产线上的齿轮图像，进而让执行机构将不合格的齿轮产品分拣出来，保证生产出来的产品都是合格品；在工业领域，机器视觉系统是将图像获取、图像处理、控制理论与软硬件紧密结合，解决生产过程中的问题，以实现产品检测和运动控制的实时系统。

三、机器视觉系统的发展历史

四、视觉系统的组成

五、视觉系统的图像处理原理

六、视觉系统的编程软件工具

（1）相机图像模块

（2）字符比较模块

（3）分支模块

（4）快速特征匹配模块

（5）格式化模块

（6）发送数据模块

扫码看知识 6：

视觉系统基础知识

任务 7　PLC 与工业机器人、视觉系统联合调试

项目 2　智能制造系统编程与调试		任务 7　PLC 与工业机器人、视觉系统联合调试	
姓名：	班级：	日期：	任务页 1

学习任务描述

　　智能制造系统中需要通过 PLC 对工业机器人和视觉系统进行工作过程控制，本学习任务要求完成 PLC 与工业机器人、视觉系统之间的通信设置，实现系统互联互调，经过视觉系统的正确识别，工业机器人将不同形状的零件分类搬运到到对应位置。

学习目标

　　（1）了解工业机器人的工作原理及控制方法。
　　（2）完成视觉系统和 PLC 的通信设置，并对视觉系统进行检验。
　　（3）完成工业机器人和 PLC 的通信设置，并进行通信测试。
　　（4）掌握工业机器人的 I/O 配置方法。
　　（5）完成工业机器人和视觉系统的联调。
　　（6）按要求编写工业机器人控制程序并完成搬运任务。

任务书

　　在物料分拣智能制造系统中，工业机器人结合视觉系统对不同形状的物料进行识别分拣，工业机器人通过 PLC 向视觉系统发送形状识别指令，视觉系统接收到指令后对零件进行识别，通过网络通信方式将零件的形状信息发送给主控 PLC，进而实现工业机器人对不同形状零件的分类搬运。请根据上述要求完成 PLC 与工业机器人、视觉系统的通信设置与调试。零件分拣机器人工作站示意图如图 7-1 所示。

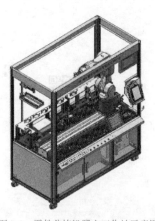

图 7-1　零件分拣机器人工作站示意图

项目 2　智能制造系统编程与调试	任务 7　PLC 与工业机器人、视觉系统联合调试
姓名：　　　　　　班级：	日期：　　　　　　　　　任务页 2

任务分组

将班级学生分组，可 4～8 人为一组，轮值安排生成组长，使每个人都有锻炼自己的组织协调和管理能力的机会。各组任务可以相同或不同，明确每组的人员和任务分工，注意培养团队协作能力。学生任务分工见表 7-1。

表 7-1　学生任务分工表

班级		组号		任务	
组长		学号		指导教师	
组员	学号	任务分工			备注

学习准备

1）通过信息查询获得关于机器人的应用知识，包括国内外机器人知名品牌、应用领域及国内主流机器人应用情况，培养民族自豪感。

2）通过查阅技术资料，了解机器人的运动和通信原理。

3）通过小组团队协作制订视觉系统对零件形状识别的方法和机器人通信方式的工作计划。

4）在教师指导下，对不同形状的零件进行识别操作，培养严谨、认真的职业素养。

5）在教师指导下，根据任务要求，机器人实时获取不同零件的形状，对零件进行分类搬运，培养精益求精的工匠精神。

6）小组协作进行施工检查验收，解决基于形状识别的工业机器人搬运的编程与操作中存在的问题，注重综合素养的培养和提升。

项目2　智能制造系统编程与调试		任务7　PLC与工业机器人、视觉系统联合调试	
姓名：	班级：	日期：	信息页

获取信息

? 引导问题1：自主学习工业机器人基础知识，了解工业机器人控制工作原理。

? 引导问题2：机器人示教器紧急停止装置的主要作用是：

? 引导问题3：主控PLC如何获知不同零件的形状信息？

? 引导问题4：分析工业机器人与主控PLC之间的通信关系。

? 引导问题5：分析视觉系统与主控PLC之间的通信关系。

? 引导问题6：视觉系统与主控PLC是通过什么方式通信的？

? 引导问题7：视觉系统发送的零件检验信息是哪些内容？

? 引导问题8：查询资料，写出工业机器人夹紧物料和松开物料是通过什么指令实现的。

小提示

工业机器人是面向工业领域的多关节机械手或多自由度的机器装置，它能自动执行工作，是靠自身动力和控制能力来实现各种功能的一种机器。它可以接受人类指挥，也可以按照预先编排的程序运行。

项目 2　智能制造系统编程与调试		任务 7　PLC 与工业机器人、视觉系统联合调试	
姓名：	班级：	日期：	计划页

工作计划

按照任务书要求和获取的信息制订 PLC 与工业机器人、视觉系统的通信设置与调试的工作方案，包括视觉系统大小零件识别程序设计、工业机器人通信配置、工业机器人搬运程序设计、检查调试等工作内容和步骤，将具体工作计划列入表 7-2。

表 7-2　具体工作计划

步骤	工作内容	负责人

? 引导问题 9：工业机器人将从数控机床夹取的零件放置到指定的托盘位置，请画出该程序设计的流程图。

小提示

库卡机器人以太网通信需要安装 Ethernet KRL 软件包。Ethernet KRL 是一个可后载入的应用程序包，具有下列功能：通过以太网接口交换数据，接收外部系统的可扩展标记语言数据，将可扩展的标记语言数据发送给外部系统，接收外部系统的二进制数据，将二进制数据发送给外部系统，通过 Ethernet KRL 机器人控制系统既能从外部系统接收数据，也能向外部系统发送数据。

项目 2 智能制造系统编程与调试		任务 7 PLC 与工业机器人、视觉系统联合调试	
姓名：	班级：	日期：	决策页

进行决策

对不同组员（或不同组别）的工作计划进行对比、分析、论证，整合完善，形成小组决策，作为工作实施的依据。将计划对比分析填入表 7-3，小组决策方案填入表 7-4。

表 7-3　计划对比分析

组员	计划中的优点	计划中的缺陷	优化方案

表 7-4　工作决策方案

步骤	工作内容	负责人

?引导问题 10：根据工业机器人对零件的分拣功能，请画出程序设计流程图。

项目 2　智能制造系统编程与调试		任务 7　PLC 与工业机器人、视觉系统联合调试	
姓名:	班级:	日期:	实施页 1

工作实施

按以下步骤实施基于形状识别的工业机器人程序设计。

1. 系统程序设计

运行系统,工业机器人运送零件到达工业相机拍照位,给主控 PLC 发送到位指令,PLC 接到指令后发送拍照指令给视觉相机,视觉相机识别零件形状并把检验结果发送给 PLC,PLC 把识别指令发送给工业机器人,工业机器人根据收到的零件形状信息把零件放到对应托盘,从而完成分拣任务。程序设计流程如图 7-2 所示。

图 7-2　程序设计流程图

项目2　智能制造系统编程与调试		任务7　PLC与工业机器人、视觉系统联合调试	
姓名：	班级：	日期：	实施页2

2. 视觉系统与PLC通信程序编写

在智能制造系统中，视觉系统承担着成品零件的检验工作，并且将检验完的结果发送给PLC，在PLC中编写与视觉相机通信程序，对视觉系统发送给PLC的数据进行评判，达到与真实结果一致。

?引导问题11：在程序设计中，相机图像模块触发设置中需要选择哪一项，为什么？

?引导问题12：在视觉程序中，发送数据模块发送哪些数据？

?引导问题13：在视觉程序中，格式化模块的作用是什么？

3. 工业机器人I/O信号配置及程序设计

1）工业机器人与PLC通信配置。

2）工业机器人I/O信号配置。

3）编写工业机器人程序，从数控加工站下料搬运至检测位，检测完成后将物料放回托盘中。

?引导问题14：工业机器人网络通信如何配置？

?引导问题15：KUKA工业机器人怎么写偏移指令？

?引导问题16：程序中"WAIT FOR ((receive_1==6) OR (receive_1==7))"的作用是什么？

项目 2 智能制造系统编程与调试		任务 7 PLC 与工业机器人、视觉系统联合调试	
姓名：	班级：	日期：	检查页

检查验收

按照验收标准对任务完成情况进行检查验收和评价，包括视觉系统的图像识别设计流程、视觉系统识别的准确性、工业机器人运行稳定性和对零件分拣的准确性等，并对验收问题及其整改措施、完成时间进行记录。验收标准及评分表见表 7-5，将验收过程问题记录列入表 7-6。

表 7-5   验收标准及评分表

序号	验收项目	验收标准	分值	教师评分	备注
1	视觉系统与 PLC 通信	PLC 与视觉通信模块正常，不报错	10		
2	视觉检验结果	视觉系统发给 PLC 检验结果与真实结果能够匹配	15		
3	工业机器人与 PLC 通信	PLC 与工业机器人通信模块正常，不报错	15		
4	工业机器人 I/O 配置	工业机器人示教器正常使用，不报错，I/O 信号配置完成	25		
5	工业机器人与 PLC 通信测试	PLC 发送一个信号，在机器人中查看此信号并与 PLC 对比是一致的	20		
6	工业机器人搬运成品零件	工业机器人接收到视觉检验完成后，将成品零件放置于托盘	15		
合计			100		

表 7-6   验收过程问题记录表

序号	验收问题记录	整改措施	完成时间	备注

? 引导问题 17：若视觉系统与工业机器人不能正常通信，应如何处理？

? 引导问题 18：视觉系统对大、小不同的零件识别不准确的原因是什么？

小提示

机器人视觉分拣原理：工业机器人系统初始化后，机器人向视觉系统发送图形识别指令，视觉系统若识别到相应的图形后向机器人发送零件形状信息，机器人收到形状信息后将不同形状的零件搬运到指定位置。

项目 2　智能制造系统编程与调试		任务 7　PLC 与工业机器人、视觉系统联合调试	
姓名：	班级：	日期：	评价页

评价反馈

各组展示作品，介绍任务的完成过程并提交阐述材料，进行学生自评、学生组内互评、教师评价，完成考核评价表（见表 7-7）。

　　? 引导问题 19：在本次任务完成过程中，给你印象最深的是哪件事？

　　? 引导问题 20：你对 PLC 与工业机器人、视觉系统通信了解了多少？还想继续学习哪些内容？

表 7-7　考核评价表

评价项目	评价内容	分值	自评 20%	互评 20%	教师评价 60%	合计
职业素养 40 分	爱岗敬业、安全意识、责任意识、服从意识	10				
	积极参加任务活动，按时完成工作页	10				
	团队合作、交流沟通能力、集体主义精神	10				
	劳动纪律，职业道德	5				
	现场 6S 标准，行为规范	5				
专业能力 60 分	专业资料检索能力，中外品牌分析能力	10				
	制订计划能力，严谨认真	10				
	操作符合规范，精益求精	15				
	工作效率，分工协作	10				
	任务验收，质量意识	15				
合计		100				
创新能力 加分 20 分	创新性思维和行动	20				
总计		120				
教师签名：		学生签名：				

项目 2　智能制造系统编程与调试		任务 7　PLC 与工业机器人、视觉系统联合调试	
姓名：	班级：	日期：	知识页

相关知识点：KUKA 机器人概况，PLC 与机器人通信和编程，PLC 与视觉系统通信

一、KUKA 机器人概况

工业机器人系统由控制系统、机械系统、KUKA SmartPAD 三大部分组成。机械手是机器人机械系统的主体。KUKA 机器人一般由 6 个活动的、相互连接在一起的关节（轴）组成。1～6 轴构成完整的运动链。手持示教器或编程器可以对操作环境进行设置，对工艺动作进行示教编程。

二、PLC 与机器人的组态、通信和编程

三、PLC 与视觉系统通信

扫码看知识 7：

KUKA 机器人概况，PLC 与机器人通信和编程，PLC 与视觉系统通信

项目 3

智能制造系统联合调试

项目3　智能制造系统联合调试		任务 8 ～ 任务 10	
姓名：	班级：	日期：	项目页

项目导言

　　本项目针对智能制造系统集成应用，以智能制造系统联合调试为学习目标，以任务驱动为主线，以工作进程为学习路径，对智能制造系统中 IP 地址分配与测试、主控 PLC 与各单元之间互联与编程调试、MES 与各单元之间系统联调等相关学习内容分别进行了任务部署，针对各项学习任务给出了任务要求、学习目标、工作步骤（六步法）、评价方案、学习资料等工作要求和学习指导。

项目任务

1. 智能制造系统 IP 地址分配与测试。
2. 主控 PLC 与各单元之间互联与编程调试。
3. MES 与各单元之间系统联调。

项目学习摘要

任务8　智能制造系统 IP 地址分配与测试

项目3　智能制造系统联合调试		任务8　智能制造系统 IP 地址分配与测试	
姓名：	班级：	日期：	任务页 1

学习任务描述

　　智能制造系统包括数控加工站、工业机器人站、智能物流站和智能仓储站等单元。系统的整体运行由 PLC 控制实现，即每个单元的运动由主控 PLC 控制。通过零件加工智能制造集成应用系统的工作过程可了解每个单元的任务分工：机械手完成物料出库入库的工作，AGV 完成物料在中转位和缓冲位的运输动作，六轴工业机器人完成搬运物料至加工站加工、RFID 位读取信息的动作，数控机床对不同大小的物料进行加工。本学习任务要求建立 PLC、触摸屏、数控机床、工业机器人、工业相机、MES、AGV、RFID 模块、视频监视等各设备工作单元的网络拓扑图，并对 IP 地址进行合理分配，而后进行网络测试。为单机运行调试、全线联调以及实现整条生产线的运行做好准备。

学习目标

　　（1）了解网络通信协议的基本知识。
　　（2）对智能制造系统各单元模块进行 IP 地址设置并进行参数设置。
　　（3）对智能制造系统中的 PLC 与 HMI 触摸屏进行连接并测试。
　　（4）对智能制造系统中的多个 PLC 进行通信连接并测试。
　　（5）对 PLC、工业机器人及视觉系统进行通信并测试。
　　（6）对 AGV、RFID 读写器和 PLC 进行通信并测试。
　　（7）对 MES 和 PLC 进行通信并连接测试。

任务书

　　在零件加工智能制造系统中，请根据系统运行情况绘制系统网络拓扑图，根据网络拓扑图设置各单元的 IP 地址及相关网络参数，包括智能仓储站 PLC 的 IP 地址参数和设备名称、智能仓储站 HMI 的 IP 地址参数和设备名称、工业机器人的 IP 地址参数和设备名称、工业机器人站 HMI 的 IP 地址参数和设备名称、RFID 模块的 IP 地址参数和设备名称、工业相机的 IP 地址参数和设备名称、智能物流站（AGV）的 IP 地址和设备名称、工业机器人站 PLC 的 IP 地址参数和设备名称、数控加工站的 IP 地址参数和设备名称、硬盘刻录机的 IP 地址参数和设备名称、上层 MES 的 IP 地址和设备名称、工厂自动化双胞胎的 IP 地址参数和设备名称。按照信息传输路径，编写每个通信单元的基本通信程序，建立基本信息传输通道，并完成各模块相互之间的信息通信调试，实现各站点信息的传输，为后续物料的出库、转运、搬运、RFID 读写、加工、入库流程的顺序执行做好准备。

项目3　智能制造系统联合调试			任务8　智能制造系统 IP 地址分配与测试	
姓名：		班级：	日期：	任务页 2

任务分组

　　将班级学生分组，可 4～8 人为一组，轮值安排组长，使每人都有机会锻炼自己的组织协调能力和管理能力。各组任务可以相同或不同，将任务分工列入表 8-1。每人明确自己承担的任务，注意培养独立工作能力和团队协作能力。

表 8-1　学生任务分工表

班级		组号		任务	
组长		学号		指导教师	
组员	学号		任务分工		备注

学习准备

　　1）通过信息查询了解网络通信的基本原理和方法，包括技术特点和发展规模。

　　2）通过学习技术资料，掌握 TCP/IP、Modbus TCP 网络的构建方法以及 IP 地址分配方法。

　　3）通过小组团队协作共同制订智能制造系统网络拓扑构建、IP 地址分配以及测试的工作计划，培养严谨、认真的职业素养和团队协作精神。

　　4）通过教师指导，按照系统需求完成网络拓扑图的绘制、IP 地址分配，培养精益求精的工匠精神。

　　5）通过教师指导，完成基于所设计网络拓扑图的网络测试工作。注重过程性评价，注重安全、节约、环保意识的养成，并注重综合素养的培养和提升。

项目 3　智能制造系统联合调试		任务 8　智能制造系统 IP 地址分配与测试	
姓名：	班级：	日期：	信息页

获取信息

?引导问题 1：自主学习网络通信基础知识。

?引导问题 2：OSI 模型可使两个不同的系统能够方便地通信，不需要改变底层硬件或软件逻辑。它是一个灵活稳定可互操的模型，用来了解和设计网络体系结构。ISO/OSI 参考模型的七个层分别是＿＿＿＿、＿＿＿＿、＿＿＿＿、＿＿＿＿、＿＿＿＿、＿＿＿＿、＿＿＿＿。

?引导问题 3：查阅资料，了解网络传输介质有哪几种，分别有什么特点。

?引导问题 4：查阅技术资料了解 Modbus TCP/IP，其简化了 OSI 模型，具体包含四层：＿＿＿＿、＿＿＿＿、＿＿＿＿、＿＿＿＿。

?引导问题 5：查阅资料，列举工作生活中常见的网线有哪几种？传输速率分别是多大？网线的最大传输距离是多远？

?引导问题 6：简单描述 PROFINET 工业网络的特点。

?引导问题 7：查阅资料，从应用层协议、通信方法、通信模型、硬件解决方案、技术开放性、组织机构几方面比较 PROFINET、EtherCAT、Ethernet/IP、Powerlink 四种工业以太网。

?引导问题 8：PLC 与工业机器人都支持 PROFINET 工业网络通信，当采用 PROFINET 通信方式时，如何分配 I/O 控制器和 I/O 设备？

?引导问题 9：请绘制智能仓储站、工业机器人站两个 PLC 端 PROFINET 网络设置工作流程图，绘制工业机器人端网络设置工作流程图。

?引导问题 10：PLC 与数控机床之间的信号是如何传递的？请描述数控加工站的网络通信编程过程。

?引导问题 11：PLC 与工业相机之间采取何种通信协议实现通信？简述 PLC 端网络通信编程过程，简述工业相机端的网络通信编程过程。

?引导问题 12：在智能仓储站 PLC 硬件组态中，哪些通信单元需要组态？请绘制智能仓储站 PLC 硬件网络拓扑图。

小提示

在本系统中，融合了 Modbus TCP、TCP/IP、PROFINET、API 等多种通信方式，其中，PLC 采用西门子 S7-1200 系列，可支持 Modbus TCP、PROFINET、WEB 服务器、OPC UA 等通信，是小型自动化系统的优选解决方案。

PLC 支持 S7 通信、开放式用户通信、OPC UA 通信、WEB 服务器通信、MODBUS TCP 通信、USS 通信等多种通信方式，各种通信方式设置方式不同，有的须进行 PLC 硬件组态，有的需要应用指令模块。在进行本任务程序编写时要考虑不同的通信方式所需的参数，在编写程序前尽量提前列出每个环节需要用到的参数。PLC 与各单元的 IP 地址须分配在同一地址段。

项目3 智能制造系统联合调试		任务8 智能制造系统 IP 地址分配与测试	
姓名：	班级：	日期：	计划页

工作计划

　　按照任务书要求和获取的信息制订智能制造系统中各通信单元之间完整网络通信的工作计划，包括各单元 IP 地址段分配和设备名称命名表、各通信单元的内部网络通信参数设置与网络通信编程等。将各通信单元之间互联与测试工作计划列入表 8-2，方案需要考虑到绿色环保与节能等要素。

表 8-2   各通信单元之间互联与测试工作计划

序号	工作内容	负责人

　　？引导问题 13：在工业机器人站 PLC 硬件组态中，哪些通信单元需要组态？请绘制工业机器人站 PLC 硬件网络拓扑图。

项目 3　智能制造系统联合调试		任务 8　智能制造系统 IP 地址分配与测试	
姓名：	班级：	日期：	决策页

进行决策

　　对不同组员（或不同组别）的工作计划进行工作方案和工艺的对比、分析、论证，整合完善，形成小组决策，作为工作实施的依据。将计划对比分析列入表 8-3，小组决策方案列入表 8-4。

表 8-3　计划对比分析

组员	计划中的优点	计划中的缺陷

表 8-4　各通信单元之间互联与测试工作决策方案

序号	工作内容	负责人

项目3　智能制造系统联合调试		任务8　智能制造系统 IP 地址分配与测试	
姓名：	班级：	日期：	实施页 1

工作实施

在本智能制造系统中采用超过 15 个单元模块组成一个信息化网络系统，包含不同的通信方式。为了能够顺利实现网络连接和测试，以满足编程和联合调试需求，应采取分部建立网络连接，逐步实现和测试的方法。局部通信网络可以有不同的划分方式：一种是基于网络通信协议划分；一种是基于电气控制系统功能模块划分。智能制造系统 IP 地址分配与测试的工作步骤如下。

一、HMI、PLC 网络连接及测试

1. PLC 与 HMI 之间的通信连接

在本任务中，智能仓储单元和工业机器人单元均采用西门子 S7-1200 系列 PLC 作为主控单元，且都有 HMI 触摸屏。PLC 与系统中的 MCGS 触摸屏采用 S7 通信方式。PLC 之间的通信可以采用智能 I/O 通信、PROFINET I/O 工业网络通信、TCP 协议通信、ISO/TCP 通信。触摸屏侧需要根据连接的 PLC 的品牌、型号等参数进行选择，并设置设备相关属性参数，最后通过添加通信变量实时通信。PLC 之间的通信采用智能 I/O 通信时，须指定一台 PLC 为 I/O 控制器，其他 PLC 设置为"I-Device"（智能设备）。

根据任务计划中制定的 IP 地址等网络参数分配表，实现智能制造系统中两个 PLC 分别与 HMI 触摸屏之间的连接并测试，以及两个 PLC 之间的通信连接及测试。PROFINET I/O 通信网络架构如图 8-1 所示，PLC 与 HMI 之间的通信连接如图 8-2 所示。

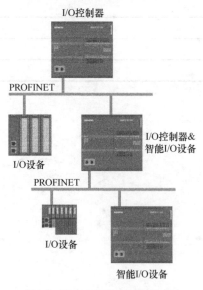

图 8-1　PROFINET I/O 通信网络架构

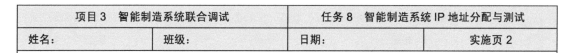

项目 3　智能制造系统联合调试		任务 8　智能制造系统 IP 地址分配与测试	
姓名：	班级：	日期：	实施页 2

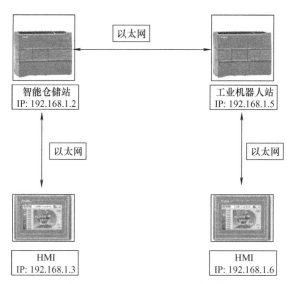

图 8-2　PLC 与 HMI 之间的通信连接

2. PROFINET I/O 设备组态

？引导问题 14：两台 PLC 可以在一台计算机上的同一个 TIA 项目中组态，也可以两台 PLC 分别在两台计算机或同一台计算机的不同 TIA 项目中组态。这两种方式分别应用于不同的场合，请思考这两种方式应如何操作。

？引导问题 15："I-Device"（智能设备）通信方式的应用领域有哪些，与其他通信方式相比，具有哪方面的优势？

小提示

两台 PLC 之间通过 PROFINET 工业网络方式通信，须符合常规 PROFINET 工业网络应用标准，在 I/O 控制器中要添加远程 I/O 设备时，需要有对应 GSD 设备描述文件才能正确识别设备。

二、PLC 与工业机器人及视觉系统通信

本系统中，PLC 与六轴工业机器人之间需要进行实时信息交互，视觉系统作为检测单元，也需要与机器人及 PLC 之间进行信息交互。KUKA 机器人支持 TCP/IP、Modbus–TCP 以及 PROFINET I/O 通信方式。视觉系统支持 Modbus–TCP、TCP/IP 通信。根据信息数据传输需求在以上三个单元之间选择合适的通信方式建立连接并进行测试。

项目 3　智能制造系统联合调试		任务 8　智能制造系统 IP 地址分配与测试	
姓名：	班级：	日期：	实施页 3

1. 连接方式选择

？引导问题 16：机器人与 PLC 之间支持多种通信方式，应该如何选择？每种通信方式分别有哪些特点？通过学习，你的专业知识和职业素养有哪些提高？

2. 通信数据流控制

？引导问题 17：机器人、PLC、视觉系统之间可以采取单向通信方式连接或环形数据信息交换，应该如何选择？每种通信方式各有哪些特点？

三、AGV、RFID 读写器和 PLC 通信

本任务中，AGV 是空间可移动设备，通过无线 WIFI 方式与 PLC 连接，与 PLC 通过 Modbus TCP 方式通信。RFID 读写器支持 Modbus TCP 通信，应用方式与 PLC 和触摸屏连接方式一致。

？引导问题 18：在 PLC 通过 TCP/IP 方式与 AGV 通信时，PLC 侧是如何定义数据存储空间的，如何把数据准确地存放在指定的存储单元？

？引导问题 19：MCGS 触摸屏采用哪种方式控制 AGV？ AGV 能否在 PLC 中建立多个通信？为何不能（或能）？

四、MES 和 PLC 通信

MES 作为上层应用端，主要完成订单管理、订单查询实训，库存查看、仓储管理实训，产品监控、个性化定制实训，生产过程中下单、插单、排产等功能。MES 可以通过 Modbus TCP 通信方式与 PLC 建立通信连接，可以通过 OPC 方式与 PLC 建立客户 / 服务器访问模式，也可以通过 web 服务器与 PLC 建立通信连接。根据 MES 的实际应用情况，选择合适的连接方式，实现系统连接并测试。

OPC（OLE for Process Control）是嵌入式过程控制标准，规范最初以 OLE/DCOM 为技术基础，是用于服务器 / 客户机连接的统一而开放的接口标准和技术规范。OPC 仅支持 Windows 操作系统，为了应对这一限制条件，OPC Foundation 研发出了 OPC UA（OPC 统一架构）标准。

？引导问题 20：当采用预定义的 "AWP"（Automation Web Programming，自动化 Web 编程）命令包含在 HTML 代码中以访问 CPU 数据时，可以扩展哪些功能？请举例说明。

？引导问题 21：通过 OPC UA 可以做些什么？ S7-1200 系列 PLC 支持的 OPC UA 功能有哪些？ S7-1200 OPC UA 的参数性能（最大会话数、最大访问变量数、最大会话订阅数、最小采样间隔、最小发布间隔、最大服务器接口数）分别多大？

项目 3 智能制造系统联合调试		任务 8 智能制造系统 IP 地址分配与测试	
姓名：	班级：	日期：	检查页

检查验收

　　按照验收标准对任务完成情况进行检查验收和评价，包括 HMI、PLC 网络连接及测试，PLC 与六轴机器人及视觉系统通信、PLC 与 AGV 及 RFID 读写器的通信、MES 和 PLC 通信等。验收标准及评分表见表 8-5，将验收问题及其整改措施、完成时间记录于表 8-6 中。

表 8-5   验收标准及评分表

序号	验收项目	验收标准	分值	教师评分	备注
1	HMI 与 PLC 连接	① HMI 与 PLC 通信正常 ② HMI 信号与 PLC 变量关联正常	10		
2	PLC 与 PLC 连接	① 智能 I/O 方式连接正常 ② 设定通信字节合理 ③ 一个 PLC 发送信号，另一个 PLC 能正确收到	10		
3	PLC 与机器人连接	① 机器人与 PLC 通过 PROFINET I/O 方式通信正常 ② 设定通信字节合理 ③ PLC 发送的数据能被六轴机器人正确收到	15		
4	机器人与视觉系统连接	① Modbus TCP 方式连接正常 ② 设定通信字节合理	15		
5	AGV 与 PLC 通信	① AGV 与 PLC 之间通信正常 ② 数据传输正常、稳定	15		
6	RFID 读写器与 PLC 通信	① Modbus TCP 方式连接正常 ② 设定通信字节合理	15		
7	MES 与 PLC 通信	① 通信连接正常 ② 数据访问正常 ③ 状态信息显示正常	20		
	合计		100		

表 8-6   验收过程问题记录表

序号	验收问题记录	整改措施	完成时间	备注

项目3　智能制造系统联合调试		任务8　智能制造系统 IP 地址分配与测试	
姓名：	班级：	日期：	评价页

评价反馈

各组展示作品，介绍任务的完成过程并提交阐述材料，进行学生自评、学生组内互评、教师评价，完成考核评价表（见表 8-7）。

? 引导问题 22：在本次任务完成过程中，你印象最深的是哪件事？自己的职业能力得到了哪些提高？

? 引导问题 23：你对智能制造系统中的网络通信了解了多少？还想继续学习关于智能制造系统的哪些内容？

表 8-7　考核评价表

评价项目	评价内容	分值	自评 20%	互评 20%	教师评价 60%	合计
职业素养 40 分	爱岗敬业、安全意识、责任意识、服从意识	10				
	积极参加任务活动，按时完成工作页	10				
	团队合作、交流沟通能力、集体主义精神	10				
	劳动纪律，职业道德	5				
	现场 6S 标准，行为规范	5				
专业能力 60 分	专业资料检索能力，中外品牌分析能力	10				
	制订计划能力，严谨认真	10				
	操作符合规范，精益求精	15				
	工作效率，分工协作	10				
	任务验收，质量意识	15				
	合计	100				
创新能力 加分 20 分	创新性思维和行动	20				
	总计	120				
教师签名：		学生签名：				

项目 3　智能制造系统联合调试		任务 8　智能制造系统 IP 地址分配与测试	
姓名：	班级：	日期：	知识页

相关知识点： 网络通信的组态方法

一、IP 地址范围

二、S7-1200 系列 PLC 在不同项目中的组态方法

1. 创建 TIA Portal 项目并进行接口参数配置
2. 操作模式配置
3. 项目编译后导出 GSD 文件
4. 导入 GSD 文件
5. 添加智能 I/O 设备

三、控制器诊断缓冲区报"I/O 设备故障 – 找不到 I/O 设备"解决方法

四、GSD 文件安装

组态第三方设备或 I-device 设备，此时需要安装这些设备的 GSD 文件。在本系统中，工业机器人站的机器人与 S7–1200 系列 PLC 的通信采取 Profinet I/O 通信时，需要在 PLC 侧安装 GSD 文件。GSD 文件由机器人设备厂商提供。

五、启用"允许来自远程对象的 PUT/GET 通信访问"

扫码看知识 8：

网络通信的组态方法

任务 9　主控 PLC 与各单元之间互联与编程调试

项目 3　智能制造系统联合调试		任务 9　主控 PLC 与各单元之间互联与编程调试	
姓名：	班级：	日期：	任务页 1

学习任务描述

　　智能制造系统的组成包括数控加工站、工业机器人站、智能物流站和智能仓储站等单元，系统的整体运行由 PLC 控制实现，包括机械手完成物料出库入库，AGV 完成物料在中转位和缓冲位之间的运输，六轴工业机器人完成夹具的选取、物料搬运、数控加工站上下料，数控机床完成零件的加工等。本学习任务要求编写主控 PLC 控制各单元工作的程序、单机运行调试及全线联调，以实现整条生产线的运行。

学习目标

　　（1）了解 PLC 基本知识和编程方法。

　　（2）了解 PLC 选型方法，能够根据控制要求选择合适型号的 PLC。

　　（3）根据工作要求完成主控 PLC 与各单元互联，设计编程调试方案。

　　（4）编写主控 PLC 对工业机器人单元的控制程序。

　　（5）编写主控 PLC 对数控机床单元的控制程序。

　　（6）编写主控 PLC 对 AGV 运输单元的控制程序。

　　（7）编写对立体仓库单元的控制程序。

　　（8）完成智能制造系统的全线联调。

任务书

　　在零件加工智能制造系统中，请根据系统运行过程绘制系统工作流程图，编写主控 PLC 控制工业机器人单元、数控机床单元、AGV 运输单元和立体仓库单元运行的程序，实现各单元在 PLC 控制下的手动运行；按照工艺要求编写 PLC 自动控制各单元工作的程序，并完成全线联调，实现按物料的出库、转运、搬运、RFID 读写、加工、入库等工作顺序执行。

项目3　智能制造系统联合调试		任务9　主控PLC与各单元之间互联与编程调试	
姓名:	班级:	日期:	任务页2

任务分组

将班级学生分组,可4～8人为一组,轮值安排组长,使每人都有机会锻炼自己的组织协调能力和管理能力。各组任务可以相同或不同,将任务分工列入表9-1。每人明确自己承担的任务,注意培养独立工作能力和团队协作能力。

表9-1　学生任务分工表

班级		组号		任务		
组长		学号		指导教师		
组员	学号	任务分工				备注

学习准备

1)通过信息查询了解PLC程序设计的基本步骤。

2)通过查阅技术资料,了解绘制PLC程序流程图的方法。

3)通过团队协作,小组制订PLC控制各单元工作的程序编写计划,并培养严谨、认真的职业素养。

4)在教师指导下,按照工艺要求完成PLC控制各单元工作的程序编写,培养精益求精的工匠精神。

5)在教师指导下,完成PLC控制智能制造系统工作程序的调试。注重过程性评价,注重安全、节约、环保意识的养成,注重综合素养的培养和提升。

项目3　智能制造系统联合调试		任务9　主控 PLC 与各单元之间互联与编程调试	
姓名：	班级：	日期：	信息页

获取信息

? 引导问题 1：自主学习 PLC 的基础知识。

? 引导问题 2：当 PLC 投入运行后，其工作过程一般分为三个阶段，即_____、_____、_____，这三个阶段称为一个扫描周期。在整个运行期间，PLC 的 CPU 以一定的扫描速度重复执行上述三个阶段。

? 引导问题 3：查阅资料，了解总控 PLC 输入 / 输出（I/O）点数估算的方法。

? 引导问题 4：查阅技术资料，了解 PLC 机型选择的因素。

? 引导问题 5：查阅资料，了解 PLC 控制程序设计的基本原则、步骤和方法。

? 引导问题 6：简单描述 PLC 程序控制流程图的绘制方法。

? 引导问题 7：PLC 与工业机器人之间的信号是如何传递的？试绘制工业机器人工作的流程图。

? 引导问题 8：PLC 与数控机床之间的信号是如何传递的？试绘制数控机床工作的流程图。

? 引导问题 9：PLC 控制立体仓库存储的程序主要用到了哪些运动指令？

小提示

本学习任务可参照零件加工智能制造系统的主控 PLC 案例。此 PLC 为西门子 S7-1200 系列 PLC，可完成简单逻辑控制、高级逻辑控制、HMI 和网络通信等任务，是单机小型自动化系统的理想解决方案。对于需要网络通信功能和单屏或多屏 HMI 的自动化系统，便于通过网协议支持与第三方设备的通信。该接口带一个具有自动交叉网线（auto-cross-over）功能的 RJ45 连接器，提供 10/100Mbit/s 的数据传输速率，支持 TCP/IPnative、ISO-on-TCP 和 S7 通信协议。

PLC 与各单元之间的通信已在前期工作中完成，在进行本任务程序编写时，要考虑不同的通信方式所需的参数，在编写程序前尽量列出每个环节需要用到的参数。PLC 与各单元的 IP 地址在上一个任务中已完成了分配，本任务无须再分配。

项目 3　智能制造系统联合调试	任务 9　主控 PLC 与各单元之间互联与编程调试		
姓名：	班级：	日期：	计划页

工作计划

按照任务书要求和获取的信息制订编写主控 PLC 控制工业机器人单元、数控机床单元、AGV 运输单元和立体仓库单元运行程序的工作方案，包括输入 / 输出口（I/O）的分配和系统工作流程图的绘制。将主控 PLC 与各单元之间互联与编程调试工作方案列入表 9-2，方案需要考虑到绿色环保与节能要素。

表 9-2　主控 PLC 与各单元之间互联与编程调试工作方案

步骤	工作内容	负责人

?引导问题 10：PLC 与 AGV 之间的信号是如何传递的？试绘制 AGV 工作流程图。

?引导问题 11：PLC 与立体仓库之间的信号是如何传递的？试绘制立体仓库工作流程图。

项目 3　智能制造系统联合调试		任务 9　主控 PLC 与各单元之间互联与编程调试	
姓名：	班级：	日期：	决策页

进行决策

　　对不同组员（或不同组别）的工作计划进行工作方案和工艺的对比、分析、论证，整合完善，形成小组决策，作为工作实施的依据。将计划对比分析列入表 9-3，小组决策方案列入表 9-4。

表 9-3　计划对比分析

组员	计划中的优点	计划中的缺陷

表 9-4　主控 PLC 与各单元之间互联与编程调试决策方案

步骤	工作内容	负责人

项目 3　智能制造系统联合调试		任务 9　主控 PLC 与各单元之间互联与编程调试	
姓名：	班级：	日期：	实施页 1

工作实施

　　PLC 与各单元的互联和编程调试需要先完成 PLC 控制每个单元的程序，使每个单元正常运行。之后再将整条生产线实现联调。为达到生产线联调的目的，首先编写每一个单元手动运行的程序，之后再进行联调，实现生产线的自动运行。工作实施步骤如下。

一、编写 HIM 手动控制仓储单元机械手取放物料的程序

　　在智能制造系统中，仓储单元完成机械手取料出库运至中转位和运送物料入库两个环节的任务，分别如图 9-1 和图 9-2 所示。在取、放料两个环节中，机械手的工作过程相反，但动作类似，现以机械手取料出库运至中转位为例进行编程，运送物料入库环节的程序可参考出库编程完成。编程思路：在前期绘制流程图的基础上，进一步思考程序编写中的细节问题。

图 9-1　机械手取料出库运至中转位

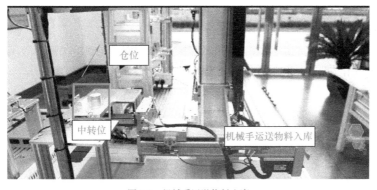

图 9-2　机械手运送物料入库

项目3 智能制造系统联合调试		任务9 主控 PLC 与各单元之间互联与编程调试	
姓名：	班级：	日期：	实施页2

1. 仓位号的计算

? 引导问题 12：如何保证机械手搬运物料出库的行和列值与触摸屏上输入的仓位号一致？请写出解决方案。

小提示

可以运用数学思维发现仓位号和行、列数值之间存在的规律，利用 PLC 的各种计算关系用仓位号将对应的行和列的值表达出来，以实现在触摸屏输入仓位号，机械手即能到达准确的行和列。

2. 轴的位置标定

在写程序时需要保证，当触摸屏上输入仓位号时，机械手能准确到达仓位号对应的行和列，也就是说，要将 X、Y、Z 轴的坐标值与仓位号一一对应，这里需要提前对轴的位置进行标定。

? 引导问题 13：如何给每一仓位号标定唯一的位置？请写出编程方法。

3. 判断仓位有无物料

在机械手接到取物料的命令，特别是在入库环节，机械手要将物料入库时，需要提前判断要出库或者要入库的仓位号有无物料，确保出库时能取到物料，入库时不会出现在有仓位物料的情况下仍然入库的情况。

? 引导问题 14：怎样判断仓位有无物料？请写出编程方法。

4. 机械手取料出库流程

机械手将物料从仓位搬运到中转位，其工作流程决定了出库流程的程序。所以，为保证出库程序编写正确，一般先绘制工作流程图，并且保证流程图准确，再根据流程图进行程序编写。

小提示

HIM 手动运行是指通过触摸屏上的按钮激活手动模式，触发机械手执行取料出库的动作，不与其他任何工作站发生信号交换。

项目 3　智能制造系统联合调试		任务 9　主控 PLC 与各单元之间互联与编程调试	
姓名：	班级：	日期：	实施页 3

二、编写 HIM 手动控制 AGV 的程序

在智能制造集成应用系统中，AGV 承担着将物料从中转位转运至缓冲位，并且将加工完成的物料再从缓冲位转运至中转位，等待机械手将其取出入库。为方便描述，把 AGV 将物料从缓冲位送到中转位称为 AGV 出库，反之称为 AGV 入库。以 AGV 将物料从中转位搬运至缓冲位，即出库为例，如图 9-3 所示，编写手动控制 AGV 运行程序，即借助于触摸屏，通过触摸屏上 AGV 出库按钮激活 AGV 的手动控制模式，触发 AGV 出库。

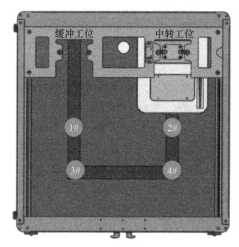

图 9-3　AGV 将物料从中转位搬运至缓冲位

1. 位置标定

对中转位和缓冲位的位置进行标定。

? 引导问题 15：在 AGV 标定过程中，出现了哪些计划外的情况，怎么解决的？你的专业认识和职业素养得到了哪些提高？

2. AGV 出库流程

AGV 将物料从中转位搬运到缓冲位，其工作流程决定了出库流程的程序。所以，为保证出库程序编写正确，一般先绘制工作流程图，并且保证流程图准确，再根据流程图进行程序编写。

项目 3 智能制造系统联合调试		任务 9 主控 PLC 与各单元之间互联与编程调试	
姓名：	班级：	日期：	实施页 4

3. 通过触摸屏上 AGV 出库按钮，触发 AGV 出库

编写利用触摸屏上 AGV 出库按钮触发 AGV 出库的程序。

? 引导问题 16：思考机械手放料入库的程序。

三、编写 PLC 控制工业机器人的程序

本任务中工业机器人承担着大量工作，需要与伺服电动机、RFID、机床等设备协同工作，共同完成物料的加工、RFID 读写等工作。

这一环节因涉及的设备较多，相互之间需要通信，如机器人通信、伺服通信、机床通信和 RFID 读写，每种装置都有单独的通信方式。因前一任务已经完成了通信工作，所以本任务重点为程序编写。要编写的程序主要包含工业机器人工作流程的控制程序、伺服电动机的运行控制程序和机床上下料的程序。

1. 工业机器人工作流程的控制程序

根据智能制造集成系统的工作流程图分解工业机器人的工作动作，结合 PLC 与各部分间的通信关系编写每一个动作的程序。

? 引导问题 17：在 PLC 对托盘进行 RFID 读取时，需要检测读写位有无托盘，请说明如何检测？

2. 伺服电动机的运行控制程序

伺服电动机需要手动控制实现定位，所以须借助于触摸屏来实现完成伺服电动机轴的手动标定。请参考相关资料完成伺服电动机的运行控制程序编写。

? 引导问题 18：PLC 对伺服电动机轴的控制和步进电动机轴的控制有何不同？

3. 机床上下料程序

机床上下料流程和机器人运行有重叠，此环节主要侧重于 PLC 和机床的通信（之前工业机器人环节的通信主要侧重于 PLC 和机器人的通信）。按照工艺流程图进行程序的编写。

项目3 智能制造系统联合调试		任务9 主控PLC与各单元之间互联与编程调试	
姓名:	班级:	日期:	实施页5

四、生产线联调

从单机手动运行模式切换到全线自动运行模式的条件是：各工作站均处于停止状态，各站的按钮/指示灯模块上的工作方式选择开关置于自动模式，此时若人机界面中选择开关切换到自动运行模式，系统将进入自动运行状态。

要从自动运行模式切换到单机手动运行模式，仅限当前工作周期完成后人机界面中选择开关切换到单机手动运行模式才有效。

在自动运行模式下，各工作站仅通过网络接收来自人机界面的主令信号，除主站急停按钮外，所有单站的主令信号均无效。

单站手动运行程序已编写完毕，进行生产线的联调须考虑前后的流程控制关系。下面以机械手单元和AGV单元为例进行说明。

1）机械手出库：手动模式下，由触摸屏控制机械手出库，不与任何站发生信号交换；自动模式下，由触摸屏控制机械手出库，待机械手放料到中转位完成后，发送AGV出库和机器人取夹具信号。

2）机械手入库：手动模式下，单个模块运行，不与任何站发生信号交换；自动模式下，AGV放料到位后，发送入库请求信号给机械手。

3）AGV出库：在手动模式下，激活手动控制模式，通过触摸屏上AGV出库按钮触发AGV出库；在自动模式下，由机械手从仓库取料放到中转位上，发出放料完成信号，触发AGV出库。

4）AGV入库：在手动模式下，激活手动控制模式，通过触摸屏上AGV入库按钮触发AGV入库；在自动模式下，由机器人把托盘放到AGV缓冲位上，发出请求AGV取料信号，触发AGV入库。

?引导问题19：请分析工业机器人和AGV之间的流程控制关系，数控机床和工业机器人之间流程控制关系，并编制相应的程序。

项目 3　智能制造系统联合调试		任务 9　主控 PLC 与各单元之间互联与编程调试	
姓名：	班级：	日期：	检查页

检查验收

　　按照验收标准对任务完成情况进行检查验收和评价，包括机械手正常出入库、AGV 正常出入库、机器人根据信号正确快换夹具和运送物料、数控机床能根据信号正确开关门等。验收标准及评分表见表 9-5，将验收问题及其整改措施、完成时间记录于表 9-6 中。

表 9-5　验收标准及评分表

序号	验收项目	验收标准	分值	教师评分	备注
1	机械手正常出库	①手动模式下，机械手能根据触摸屏信号正常出库 ②自动模式下，机械手能根据触摸屏信号正常出库	10		
2	机械手正常入库	①手动模式下，机械手能根据触摸屏信号正常入库 ②自动模式下，AGV 放料到位后，机械手入库	10		
3	AGV 正常出库	①手动模式下，可通过触摸屏上 AGV 出库按钮触发 AGV 出库 ②自动模式下，机械手从仓库取料放到中转位上触发 AGV 出库	10		
4	AGV 正常入库	①动模式下，可通过触摸屏上 AGV 入库按钮触发 AGV 入库 ②自动模式下，机器人把托盘放到 AGV 缓冲位上触发 AGV 入库	10		
5	机器人根据信号正确快换夹具	①机器人在 AGV 运料完成后换取正确的夹具 ②机器人运送物料托盘至 RFID 读取工位后换取正确的夹具 ③机器人搬运成品件换取正确的夹具 ④机器人将成品件托盘搬运至缓冲位后，放下夹具	20		
6	机器人根据信号正确运送物料	①机器人将物料托盘从缓冲位搬运至 RFID 读取位 ②RFID 读取后，机器人将毛坯件搬运至数控机床，准备加工 ③数控机床加工完毕后，机器人将物料搬运至 RFID 位读取 ④加工后的物料放到工业相机下拍照检验，然后放回托盘 ⑤检验后的物料在 RFID 位读取完成后，机器人将其搬运至缓冲位	20		
7	数控机床能根据信号正确开门、关门	①数控机床开门并打开卡盘，机器人搬运物料到机床 ②机器人将物料放至加工位置，并安全退出后，数控机床防护门关闭并开始加工 ③物料加工完毕后，数控机床防护门打开 ④机器人将加工完成的成品件搬运离开加工位置后，进行视觉检测	20		
	合计		100		

表 9-6　验收过程问题记录表

序号	验收问题记录	整改措施	完成时间	备注

项目 3　智能制造系统联合调试		任务 9　主控 PLC 与各单元之间互联与编程调试	
姓名：	班级：	日期：	评价页

评价反馈

各组展示作品，介绍任务的完成过程并提交阐述材料，进行学生自评、学生组内互评、教师评价，完成考核评价表（见表 9-7）。

？引导问题 20：在本次任务完成过程中，你印象最深的是哪件事？自己的职业能力得到了哪些提高？

？引导问题 21：你对智能制造系统联调了解了多少？还想继续学习关于智能制造系统的哪些内容？

表 9-7　考核评价表

评价项目	评价内容	分值	自评 20%	互评 20%	教师评价 60%	合计
职业素养 40 分	爱岗敬业安全意识、责任意识、服从意识	10				
	积极参加任务活动，按时完成工作页	10				
	团队合作、交流沟通能力、集体主义精神	10				
	劳动纪律，职业道德	5				
	现场 6S 标准，行为规范	5				
专业能力 60 分	专业资料检索能力，中外品牌分析能力	10				
	制订计划能力，严谨认真	10				
	操作符合规范，精益求精	15				
	工作效率，分工协作	10				
	任务验收，质量意识	15				
合计		100				
创新能力 加分 20 分	创新性思维和行动	20				
总计		120				

教师签名：　　　　　　　　　　　　学生签名：

项目 3 智能制造系统联合调试		任务 9 主控 PLC 与各单元之间互联与编程调试	
姓名：	班级：	日期：	知识页

相关知识点： PLC 程序设计常用方法、注意事项和编程技巧

一、PLC 程序设计的基本原则

二、PLC 程序编写的一般步骤

三、PLC 程序设计常用的方法

主要有经验设计法、继电器控制电路转换为梯形图法、顺序控制设计法、逻辑设计法等。

四、PLC 程序设计的注意事项

五、PLC 程序的编写技巧

1）输入继电器、输出继电器、辅助继电器、定时器 / 计数器的触点在程序中不受限制，多次使用可以简化程序和节省存储单元。

2）在不使程序复杂难懂的情况下应尽可能少占用存储空间。

3）由于定时器 / 计数器的编号必须在 0 ～ 143 范围内，且不能重复使用，所以编程时定时器可以从 0 开始递增使用，而计数器从 143 开始递减使用，这样就可以避免定时器、计数器使用相同的编号。

4）在对复杂的梯形图进行调试时，可以在任何地方插入 END 指令，分段进行调试，从而提高调试的效率。

5）由于 PLC 的扫描方式是按照从左到右、从上到下的顺序进行扫描，上一梯级的执行结果会影响下一梯级的输入，所以在编程时必须考虑控制系统逻辑上的先后关系。

扫码看知识 9：

PLC 程序设计常用方法、注意事项和编程技巧

任务 10　MES 与各单元之间系统联调

项目 3　智能制造系统联合调试		任务 10　MES 与各单元之间系统联调	
姓名：	班级：	日期：	任务页 1

学习任务描述

　　智能制造系统通过 MES 实现对生产系统的信息采集、生产管理，以及对生产单元的控制。在 MES 模式下，系统执行层生产信息被采集，可以实时查看车间的生产流程、设备情况等，对生产进度做出调整和优化，进行成本计算，做出合理的采购或生产计划等。本学习任务要求编写 MES 对各单元控制的程序，实现与各单元之间的系统联调。

学习目标

　　（1）了解 MES 的概念、在生产制造企业中的功能、主要架构等基础知识。
　　（2）了解 PLC 与 MES 之间的通信方式。
　　（3）了解 MES 采集工业机器人、数控加工中心、AGV 出库和入库等数据的方法。
　　（4）完成 MES 与智能仓储单元、智能物流单元、工业机器人工作站的联调。
　　（5）完成 MES 控制智能制造系统运行、控制机床加工、采集智能制造系统现场信息。

任务书

　　在零件加工智能制造集成应用系统中，根据绘制的系统工作流程图，在已完成的系统手动和自动运行模式的基础上，添加 MES 控制各单元运行的程序，完成 MES 对智能制造系统的联调，实现 MES 对系统运行的控制。

项目 3　智能制造系统联合调试		任务 10　MES 与各单元之间系统联调	
姓名：	班级：	日期：	任务页 2

任务分组

　　将班级学生分组，可 4～8 人为一组，轮值安排组长，使每人都有机会锻炼自己的组织协调能力和管理能力。各组任务可以相同或不同，将任务分工列入表 10-1。每人明确自己承担的任务，注意培养独立工作能力和团队协作能力。

表 10-1　学生任务分工表

班级		组号		任务	
组长		学号		指导教师	
组员	学号	任务分工			备注

学习准备

　　1) 通过查阅资料，了解 MES 的基础知识，包括 MES 的知名品牌、发展状况、应用领域、技术特点及发展规模，培养民族自豪感。

　　2) 通过信息查询了解 MES 控制生产线运行的原理。

　　3) 通过小组分工合作，团队协作编写 MES 与各单元进行系统联调的工作计划，并培养严谨、认真的职业素养。

　　4) 在教师指导下，按照工艺要求完成 MES 控制各单元运行的程序编写，培养精益求精的工匠精神。

　　5) 在教师指导下，完成 MES 与各单元的联调，注重过程性评价，注重安全、节约、环保意识的养成，注重综合素养的培养和提升。

项目 3　智能制造系统联合调试		任务 10　MES 与各单元之间系统联调	
姓名：	班级：	日期：	信息页

获取信息

?引导问题 1：查阅资料，了解 MES 在生产制造企业中的主要功能。

?引导问题 2：查阅资料，了解 MES 的基本架构，MES 工作的基本原理。

?引导问题 3：PLC 与 MES 之间采用哪些通信方式？

?引导问题 4：MES 如何采集工业机器人的数据，包括机器人的坐标值、机器人的速度和机器人的状态？

?引导问题 5：MES 是如何采集机床的相关信息的，包括机床的坐标值、开关门状态、卡盘的状态，以及机床的主轴转速？

?引导问题 6：MES 如何采集机械手和 AGV 出库和入库的完成状态？

小提示

MES（manufacturing execution system）即制造执行系统，是面向制造企业车间执行层的生产信息化管理系统。MES 可以为企业提供包括制造数据管理、计划排产管理、生产调度管理、库存管理、质量管理、人力资源管理、工作中心/设备管理、工具工装管理、采购管理、成本管理、项目看板管理、生产过程控制、底层数据集成分析、上层数据集成分解等管理模块，MES 在本智能制造系统中的主要功能有：

1）加工任务创建、加工任务管理。

2）自动立体化仓库管理和监控。

3）数控机床起停、初始化和管理。

4）加工程序管理和上传。

5）在线检测实时显示和刀具补偿修正。

6）智能看板功能：实时监控设备、立体仓库信息以及机床刀具监控等。

7）订单下达、排程、生产数据管理、报表管理等。

项目 3　智能制造系统联合调试		任务 10　MES 与各单元之间系统联调	
姓名：	班级：	日期：	计划页

工作计划

　　按照任务书要求和获取的信息制订编写 MES 与各单元之间联调程序工作计划，包括通过 MES 与智能仓储单元、智能物流单元、工业机器人工作站的联调、MES 控制智能制造系统正常运行、MES 控制机床正常加工、MES 采集智能制造系统现场信息等，方案需要考虑到绿色环保与节能要素。将 MES 与各单元之间联调程序工作计划列入表 10-2 中。

表 10-2　MES 与各单元之间联调程序工作计划

步骤	工作内容	负责人

　　? 引导问题 7：对于立体仓库的管理，MES 需要收集哪些信息？

　　? 引导问题 8：MES 对物料的管理是通过什么方式实现的？

　　? 引导问题 9：在 MES 对生产进行管理的过程中有哪些安全、环保、节约的注意事项？

小提示

　　仓储的基本功能包括物料的进出、库存、配送。物料的出入库及在库管理是现代仓储的基本功能。

　　为了保证生产经营活动的正常运行，MES 需要有效地控制仓储货物的收发、结存等活动，对各类货物的活动状况进行分类记录，以清晰准确的方式表达仓储货物在数量、品质方面的状况，以及物料目前所在的具体位置、部门、订单归属和仓储分散程度等详细情况。

项目 3　智能制造系统联合调试		任务 10　MES 与各单元之间系统联调	
姓名：	班级：	日期：	决策页

进行决策

对不同组员（或不同组别）的工作计划进行工作方案和工艺的对比、分析、论证，整合完善，形成小组决策，作为工作实施的依据。将计划对比分析列入表 10-3，小组决策方案列入表 10-4。

表 10-3　计划对比分析

组员	计划中的优点	计划中的缺陷

表 10-4　MES 与各单元之间系统联调决策方案

步骤	工作内容	负责人

项目3　智能制造系统联合调试		任务10　MES 与各单元之间系统联调	
姓名：	班级：	日期：	实施页 1

工作实施

　　前面的任务已经完成了智能制造系统手动模式和自动模式下的程序控制，现在要实现 MES 与各单元之间的系统联调，可以对原有的程序进行调整和增加，以实现 MES 对智能制造系统的控制。

一、MES 与智能仓储单元的系统联调

1. 智能制造系统 MES 运行模式启动程序的添加

　　MES 运行模式下：数控加工站、工业机器人站、智能物流站和智能仓储站均应处于 MES 运行模式，通过在 MES 中创建订单（包含仓位号、物料种类、机床加工程序等），选择排单运行，智能制造系统接收到信号会自动按照 MES 命令运行。所以，在程序中，需加入由 MES 控制智能制造集成应用系统启动运行的程序。

　　? 引导问题10：如何在原有程序的触摸屏控制启动和按钮控制启动的基础上添加 MES 启动模式？

2. 仓位号的识别

　　在智能制造系统的手动和自动模式中，程序运行所需要的仓位号由触摸屏输入，再通过程序进行计算。而在 MES 运行模式下，仓位号的输入是通过 MES 下订单的方式发送给 PLC 实现。

　　? 引导问题11：在通过触摸屏输入仓位号的基础上，如何编写通过 MES 输入仓位号的程序？

3. 仓位的计算

　　? 引导问题 12：如何保证 MES 输入的仓位号同机械手搬运物料出库的行和列数值一致？请写出解决方案。

4. 判断仓位有无物料

　　在手动和自动运行模式下，机械手在将物料入库或出库前需要提前判断要入库或出库的仓位号有无物料，在 MES 运行模式下，仍然需要判断。

　　? 引导问题13：在手动和自动运行模式程序的基础上，怎样编写 MES 运行模式下判断仓位有无物料的程序？请说出解决方案。

项目 3　智能制造系统联合调试		任务 10　MES 与各单元之间系统联调	
姓名：	班级：	日期：	实施页 2

5. MES 运行模式下机械手执行物料出库和入库

？引导问题 14：在 MES 运行模式下，智能仓储单元机械手的运行由 MES 信号控制，其中机械手进行物料入库是由 AGV 放料到达中转位后执行。请分析此工作流程的程序表达。并思考：当智能制造系统连续运行时，机械手进行物料出库程序在 MES 运行模式下该如何表达？

二、MES 与智能物流单元的系统联调

AGV 承担着将物料从中转位转运至缓冲位，并且将加工完成的物料再从缓冲位转运至中转位，等待机械手将物料取出 / 入库的任务。为方便描述，把 AGV 将物料从中转位到缓冲位称为 AGV 入库，反之称为 AGV 出库。

？引导问题 15：在 MES 运行模式下，AGV 信号由 MES 采集，并根据信号进行 AGV 运动流程的判断和控制，其中 AGV 入库是由机械手从仓库取料放到中转位上后执行，请分析此工作流程的程序表达。并思考：AGV 在 MES 模式下的出库程序应当如何表达？

三、MES 与机器人站的系统联调

这个部分的设备之间通信包括机器人通信、伺服电动机通信、机床通信和 RFID 读写，每种设备都有单独的通信方式，在前面任务中已经完成了各部分通信的设置，本任务重点实施 MES 控制程序的编写。

1. 机器人到快换位换夹具

？引导问题 16：在 MES 运行模式下，机器人到快换位换取夹具准备夹起托盘的程序由什么信号激活，如何从程序上体现？

2. 机器人换取夹具类型的判断

机器人换取夹具的种类因搬运物料的类别不同而不同，如搬运物料托盘需要托盘夹具，搬运加工零件需要工件夹具。AGV 在运送物料出库时就已经将物料信息发送给了机器人站的 PLC。

？引导问题 17：如何编写程序将物料品种（如大或小）的信号发送给机器人站的 PLC？

？引导问题 18：在系统联调实施中，你遇到了哪些计划中没有考虑到的问题？是如何解决的？自己的专业知识和职业素养得到了哪些提高？

项目3　智能制造系统联合调试		任务10　MES与各单元之间系统联调	
姓名：	班级：	日期：	检查页

检查验收

　　按照验收标准对任务完成情况进行检查验收和评价，包括机械手正常出入库、AGV正常出入库、机器人根据信号正确快换夹具和运送物料、数控机床能根据信号正确开关防护门等。验收标准及评分表见表10-5，将验收问题及其整改措施、完成时间记录于表10-6中。

表10-5　验收标准及评分表

序号	验收项目	验收标准	分值	教师评分	备注
1	通过MES启动智能制造系统	① MES成功启动智能制造系统 ② MES能成功复位所有功能模块	20		
2	MES控制智能制造系统正常运行	① 机械手运送物料到达中转位后，AGV运行程序被激活 ② AGV运送物料至缓冲位后，六轴工业机器人运动至快换位换取正确的夹具 ③ 机器人将加工好的成品件放到视觉相机下检测 ④ 六轴工业机器人运送物料至数控机床，能识别出物料的大小，根据物料的大小进行加工	30		
3	MES控制机床正常加工	① MES将加工不同料块程序发送给数控加工中心 ② 机床能将测量值发送给MES，并进行结果比对	20		
4	MES采集到现场智能制造系统的信息	① 立体仓库的状态信息能实时反映在MES平台 ② AGV的状态信息实时反映在MES平台 ③ 六轴工业机器人的状态能实时反映在MES平台 ④ 数控机床的状态能实时反映在MES平台	30		
合计			100		

表10-6　验收过程问题记录表

序号	验收问题记录	整改措施	完成时间	备注

项目 3　智能制造系统联合调试		任务 10　MES 与各单元之间系统联调	
姓名：	班级：	日期：	评价页

评价反馈

　　各组展示作品，介绍任务的完成过程并提交阐述材料，进行学生自评、学生组内互评、教师评价，完成考核评价表（见表 10-7）。

　　? 引导问题 19：在本次任务完成过程中，你印象最深的是哪件事？你的职业能力得到了哪些提高？

　　? 引导问题 20：你对 MES 了解了多少？还想继续学习关于 MES 的哪些内容？

表 10-7　考核评价表

评价项目	评价内容	分值	自评 20%	互评 20%	教师评价 60%	合计
职业素养 40 分	爱岗敬业、安全意识、责任意识、服从意识	10				
	积极参加任务活动，按时完成工作页	10				
	团队合作、交流沟通能力、集体主义精神	10				
	劳动纪律、职业道德	5				
	现场 6S 标准、行为规范	5				
专业能力 60 分	专业资料检索能力、中外品牌分析能力	10				
	制订计划能力、严谨认真	10				
	操作符合规范、精益求精	15				
	工作效率、分工协作	10				
	任务验收、质量意识	15				
合计		100				
创新能力 加分 20 分	创新性思维和行动	20				
总计		120				
教师签名：			学生签名：			

项目 3　智能制造系统联合调试		任务 10　MES 与各单元之间系统联调	
姓名：	班级：	日期：	知识页

相关知识点：MES 的架构与功能

MES(Manufacturing Execution System) 即制造执行系统，是一套面向制造企业车间执行层的生产信息化管理系统，是企业生产的一个可靠、可行的制造协同管理平台。

一、MES 的架构

1. 设备层

2. 控制层

3. 数据层

4. 应用层

二、MES 的功能

MES 是一个可自定义的制造执行系统，不同企业的工艺流程和管理需求可以通过现场定义实现。

1. 车间资源管理

2. 库存管理

3. 生产过程管理

4. 生产任务管理

5. 车间计划与排产管理

6. 物料跟踪管理

7. 质量过程管理

8. 生产监控管理

9. 统计分析

扫码看知识 10：

MES 的架构与功能

项目 4

智能制造系统智能加工与生产管控

项目 4　智能制造系统智能加工与生产管控		任务 11 ～ 任务 15	
姓名：	班级：	日期：	项目页

项目导言

　　本项目针对智能制造系统生产与管理，以智能加工与生产管控为学习目标，以任务驱动为主线，以工作进程为学习路径，对智能制造系统设备管理与生产统计、系统生产管理、优化系统生产节拍、智能制造系统仿真运行管理、产品生命周期管理等相关学习内容分别进行了任务部署，针对各项学习任务给出了任务要求、学习目标、工作步骤（六步法）、评价方案、学习资料等工作要求和学习指导。

项目任务

　　1. 智能制造系统设备管理与生产统计。

　　2. 智能制造系统生产管理。

　　3. 优化系统生产节拍。

　　4. 智能制造系统仿真运行管理。

　　5. 产品生命周期管理认知。

项目学习摘要

任务 11　智能制造系统设备管理与生产统计

项目 4　智能制造系统智能加工与生产管控		任务 11　智能制造系统设备管理与生产统计	
姓名：	班级：	日期：	任务页 1

学习任务描述

　　智能制造系统通过 MES 进行工艺设计、设备管理与生产统计，在电脑上打开 MES 软件，主菜单里有"工艺设计""设备管理""生产统计"等模块。本学习任务要求熟悉 MES 设备管理与生产统计的架构，掌握图样上传、设备管理、物料历史追溯、生产看板等操作，模拟设备突发故障，制定维修计划。

学习目标

　　（1）了解 MES 的主要功能。

　　（2）了解设备管理的概念、作用及各模块的功能。

　　（3）熟悉 MES 并能进行工艺设计、设备管理、生产统计等操作。

　　（4）根据系统报警信息分析设备运行状况和故障原因，制订维修计划、排除故障并填写维修相关信息。

任务书

　　某汽车制造工厂下订单加工一批零件。请根据业务要求，在 MES 操作界面分别显示加工中心、机器人、AGV、仓库、物料管理等单元的状态信息，通过"生产看板"直观了解零件加工的进展，加工完成后，从"生产报表"导出该批零件的生产统计信息并提交。

　　假设有一台生产设备突发故障，请在 MES 上找到该设备的管理信息，查看设备的运行管理界面，了解故障设备的维修维护记录。小组讨论该设备可能的故障原因，并在系统上填报突发性故障维修计划。故障维修完毕后，在系统上填报该次维修的记录和情况说明。根据本次故障原因制订日常预防性维修的工作计划。

项目 4　智能制造系统智能加工与生产管控		任务 11　智能制造系统设备管理与生产统计	
姓名：	班级：	日期：	任务页 2

任务分组

将班级学生分组，可 4～8 人为一组，轮值安排组长，使每人都有机会锻炼自己的组织协调能力和管理能力。各组任务可以相同或不同，将任务分工列入表 11-1。每人明确自己承担的任务，注意培养独立工作能力和团队协作能力。

表 11-1　学生任务分工表

班级		组号		任务	
组长		学号		指导教师	
组员	学号	任务分工			备注

学习准备

1）通过信息查询了解智能制造加工企业设备管理与生产统计的相关要求，包括技术特点、发展规模，培养民族自豪感。

2）通过查阅技术资料了解设备的维护维修流程、生产统计内容等，比较国内外异同，学习国外先进技术的同时助力民族企业的发展。

3）通过小组合作，登录 MES，掌握基本操作、读取各设备状态信息、物料管理信息、统计报表信息等，培养团队协作精神。

4）在教师指导下，在 MES 上根据生产要求生成菜单界面，上传图样，新增订单，培养严谨、认真的职业素养。

5）小组进行施工检查验收和讨论，不同领域的智能制造企业应该具备怎样的设备管理与生产统计要求。注重过程性评价，注重安全、节约、环保意识的养成，注重综合素养的培养和提升。

项目 4 智能制造系统智能加工与生产管控		任务 11 智能制造系统设备管理与生产统计	
姓名：	班级：	日期：	信息页

获取信息

? 引导问题 1：查询资料，了解智能制造企业设备管理的要求。

? 引导问题 2：查询资料，了解智能制造企业生产统计的内容。

? 引导问题 3：查询资料，了解设备维修的流程。

? 引导问题 4：设备管理一般包含哪些模块？

? 引导问题 5：什么是预防性维修，什么是突发性维修。

? 引导问题 6：生产统计应包含哪些内容？

? 引导问题 7：智能制造工厂里的维修人员通常如何配备？

? 引导问题 8：设备管理除了维修维护管理，还应包含哪些方面？

? 引导问题 9：根据 MES 的操作和实时监控，写出监控看板应该有哪些报警信息。

? 引导问题 10：MES 如何与智能制造系统的各模块进行通信？

小提示

通过制造执行系统（MES）可以进行设备状态监控、各模块的参数及运行控制。智能制造系统集成应用平台以离散型数字化制造企业为蓝本，在数据采集层部署智能相机、在线测量、RFID 和网络设备等物联网基础节点，在设备执行层引入工业机器人、AGV、智能仓储和数控机床等智能制造装备，在管理控制层引入数字化双胞胎 (Digital Twin) 与制造企业生产过程执行管理系统（MES），搭建开放式信息服务平台，共享数据资源，最终实现整套系统的自动化、数字化、网络化与智能化。

项目 4　智能制造系统智能加工与生产管控		任务 11　智能制造系统设备管理与生产统计	
姓名：	班级：	日期：	计划页

工作计划

按照任务书要求和 MES 说明书制订 MES 管理的常规操作计划，包括上传图样、管理设备、导出报表等。根据客户需求，制定 MES 内容及生产管理界面，制订突发故障的维修计划。将 MES 管理操作工作计划列入表 11-2，突发故障维修记录列入表 11-3。

表 11-2　MES 管理操作工作计划

步骤	工作内容	观察重点

表 11-3　突发故障维修记录单

序号	故障现象	维修内容	备注

? 引导问题 11：在根据图样设计加工工艺的过程中遇到了哪些问题是如何解决的？

? 引导问题 12：怎么查看设备的功能状态？

项目 4　智能制造系统智能加工与生产管控		任务 11　智能制造系统设备管理与生产统计	
姓名：	班级：	日期：	决策页

进行决策

　　对不同组员（或不同组别）的工作计划进行操作合理性、维修方案的对比、分析、论证，整合完善，形成小组决策，作为工作实施的依据。将计划对比分析列入表 11-4，小组决策方案列入表 11-5。

表 11-4　计划对比分析

组员	计划中的优点	计划中的缺陷	优化方案

表 11-5　MES 管理操作工作决策方案

步骤	工作内容	负责人

　　? 引导问题 13：工艺设计时应注意什么问题？

　　? 引导问题 14：报表统计的生产信息里有哪些值得提升的内容？

小提示

　　生产信息统计：对完成的订单进行统计，用图表的形式表现出来，可以直观了解订单生产的详情。

项目 4　智能制造系统智能加工与生产管控	任务 11　智能制造系统设备管理与生产统计		
姓名：	班级：	日期：	实施页 1

工作实施

一、MES 基础信息管理

1. 系统登录

在浏览器中输入登录地址，输入用户名和密码（用户名：system；密码：system），单击"登录"按钮进入 MES。MES 登录界面如图 11-1 所示。

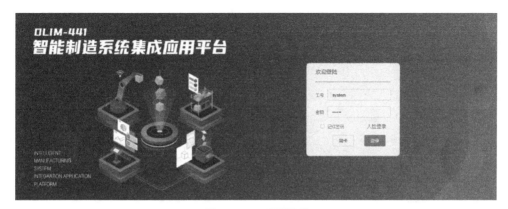

图 11-1　MES 登录界面

2. MES 基础信息管理内容

（1）工厂建模

工厂建模界面用于显示工序信息，可添加和删除工序。如图 11-2 所示，输入工序名称和工序号，单击"添加"按钮可添加工序，单击"删除"按钮可删除工序。

典型工艺		
工序号	名称	操作
x	铣	删除

工序名称 [　　　　]
工序号 [　　　　]

添加

图 11-2　工厂建模界面

项目 4 智能制造系统智能加工与生产管控		任务 11 智能制造系统设备管理与生产统计	
姓名：	班级：	日期：	实施页 2

（2）人员管理

人员管理界面用于显示人员信息，可对人员及其权限进行新增、删除、修改操作，如图 11-3 所示。

图 11-3   人员管理界面

（3）日志管理

日志管理界面用于记录人员系统操作详情，可对操作详情进行删除，如图 11-4 所示。

	序号	创建时间	操作人	操作
☐	1	2022/02/09 15:19:45	system	新建订单:9
☐	2	2022/02/09 15:20:07	system	删除订单:9
☐	3	2022/02/09 15:20:29	system	新建订单:9
☐	4	2022/02/09 15:20:32	system	排产订单:9
☐	5	2022/02/09 15:20:36	system	排产订单:9
☐	6	2022/02/09 15:20:42	system	清零
☐	7	2022/02/09 15:20:47	system	复位
☐	8	2022/02/09 15:22:22	system	清零
☐	9	2022/02/09 15:22:27	system	复位
☐	10	2022/02/09 15:22:44	system	复位

图 11-4   日志管理界面

二、工艺设计

工艺设计主要用于 EBOM、PBOM 的创建，通过输出 EBOM 至 PBOM，以及发布 PBOM 的形式，形成完整的工艺体系。

1. 工程表单（EBOM）

EBOM 界面如图 11-5 所示，该模块主要用于创建 EBOM 体系，分为 3 部分：文档树、文档列表和 EBOM 结构树。

项目 4　智能制造系统智能加工与生产管控	任务 11　智能制造系统设备管理与生产统计	
姓名：	班级：	日期：　　　　　实施页 3

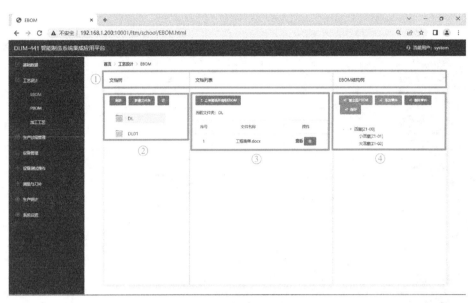

图 11-5　EBOM 界面

（1）文档树

文档树用于存放完成的文档结构，进入页面需要首先创建一个文档树，用于存放 EBOM。单击"新建文件夹"按钮在弹出的"新建文件夹"对话框中输入文件夹名称，单击"确定"按钮，创建文件夹完成。单击删除按钮可删除创建的文件夹（见图 11-5 中②处）。

（2）文档列表

文档列表用于上传存储 EBOM 的文件。选中左侧文档树中的文件夹，单击"上传图纸并提取 EBOM"按钮，弹出上传对话框，可通过拖拽或上传按钮来实现上传，上传成功后，单击文档树中的文件夹，文档列表中会显示所上传的文件，可通过"查看"按钮来查看文档内容，也可以通过删除按钮来删除所上传的文档（见图 11-5 中③处）。

（3）EBOM 结构树

EBOM 结构树用于为文档树添加产品零件。首先，单击左侧文档树下已经创建的文件夹，在右侧 EBOM 结构树下单击"添加零件"按钮，弹出"新建零件"对话框，输入零件信息（包括名称、图号和数量），单击"确定"按钮，添加零件完成；如果零件下有子零件时，选中该零件，再单击"添加零件"按钮，重复以上步骤，可为其添加子零件。所有零件添加完成后，单击"保存"按钮，零件添加完成（见图 11-5 中④处）。

（4）输出至 PBOM

输出至 PBOM，该按钮的作用是将 EBOM 信息提交给 PBOM，完成二者的关联。操作过程如图 11-6 所示，首先，选中文档树中的文件夹（见图 11-6 中①处），其次，单击 EBOM 结构树中的"输出至 PBOM 按钮"（见图 11-6 中②处），弹出"选择产品"对话框，选择要输出产品的文件夹（见图 11-6 中③处），单击"确定"按钮，会出现"提取至 PBOM 成功"的提示。在操作过程中，如果在"选择产品"对话框中没有任务产品可选择，则需要在 PBOM 中先添加产品，然后再回到 EBOM 结构树重新操作上述步骤，完成 EBOM 的提取。

项目 4 智能制造系统智能加工与生产管控		任务 11 智能制造系统设备管理与生产统计	
姓名：	班级：	日期：	实施页 4

图 11-6   添加产品零件

2. 计划表单（PBOM）

PBOM 界面如图 11-7 所示，该模块主要是创建工厂的 PBOM 体系，该模块分为两部分：产品列表，EBOM 结构树。

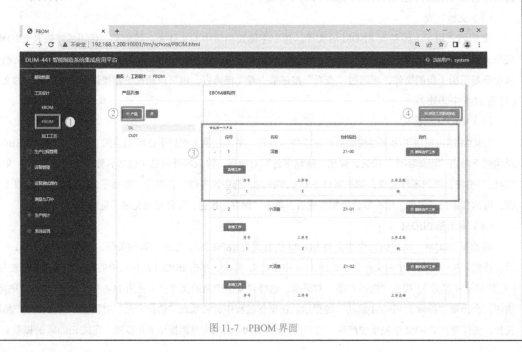

图 11-7   PBOM 界面

项目 4　智能制造系统智能加工与生产管控		任务 11　智能制造系统设备管理与生产统计	
姓名：	班级：	日期：	实施页 5

（1）产品列表

在"产品列表"中添加产品的步骤如下：进入至 PBOM 界面（见图 11-7 中①处），单击"产品"按钮，弹出"新建产品"对话框，填写产品信息（包括产品名称、五轴配方和精雕配方，后两项可以不填），单击"确定"按钮，完成添加（见图 11-7 中②处），单击删除按钮可删除已创建的产品。

（2）EBOM 结构树

当 EBOM 信息输出给 PBOM 产品后，单击产品列表中的产品名称（见图 11-7 中②处），在 EBOM 结构树中会显示该产品对应的 EBOM 信息，单击每一行最左侧的展开图标，单击"新增工序"按钮，可以为 EBOM 添加生产工序，在弹出的"新增工序"对话框中选择需要的工序（工序是指在"工厂建模"中所创建的工序，此处只添加不创建），单击"添加"按钮。工序添加完成后（见图 11-7 中②处），单击右上角的"BOM 及工艺路线发布"按钮，提示"提取 PBOM 成功"，则表示完成了发布（见图 11-7 中④处）。

3. 加工工艺

加工工艺界面如图 11-8 所示，该模块主要进行工艺图样文件、工艺参数文件和 NC 程序文件的上传。在左上角的下拉列表框中选择产品（见图 11-8 中①处），单击对应的上传按钮，便可以上传图样、加工工艺卡和 NC 文件。

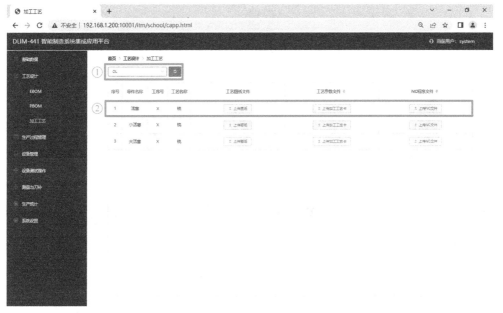

图 11-8　加工工艺界面

三、设备管理

设备管理是针对系统中的加工中心、机器人、立体仓库、平面仓库、AGV、用电量和产线运行视频进行管理，读取上述模块的数据，并进行可视化展示。

项目 4　智能制造系统智能加工与生产管控	任务 11　智能制造系统设备管理与生产统计
姓名：　　　　　班级：	日期：　　　　　实施页 6

1. 加工中心单元监控

加工中心单元监控如图 11-9 所示，通过采集现场设备的实时运行数据（如加工中心的轴坐标、运行状态、工作模式、进给倍率、程序号、主轴速度等信息），并进行可视化展示，可对生产过程中设备的实时运行数据进行监控。

首页 ＞ 生产看板 ＞ 加工中心状态

加工中心

参数名	参数值
运行状态	运行
工作模式	自动方式
是否就绪	就绪
未就绪原因	未知原因
开关门	
卡盘状态	
X轴坐标	22.01
Y轴坐标	11.11
Z轴坐标	24.12
A轴坐标	15.20
进给倍率	1.0
主轴速度	1.5
主轴倍率	

图 11-9　加工中心单元监控

2. 机器人单元监控

机器人单元监控如图 11-10 所示，通过采集现场机器人的实时运行数据（如机器人的轴坐标、运行状态、运行模式、进给倍率、程序号、主轴速度等信息），并进行可视化展示，可对生产过程中设备的实时运行数据进行监控。

首页 ＞ 生产看板 ＞ 机器人状态

机器人

参数名	参数值
轴1	92.46°
轴2	-90.30°
轴3	94.29°
轴4	0.31°
轴5	86.29°
轴6	3.40°
轴7	-0.01mm
运行速度	100
运行模式	T1模式

图 11-10　机器人单元监控

项目 4　智能制造系统智能加工与生产管控	任务 11　智能制造系统设备管理与生产统计
姓名：　　　　　班级：	日期：　　　　　实施页 7

3. 立体仓库单元监控

立体仓库单元监控如图 11-11 所示，可查看仓库单元详情，设置场次和类型，单独设置物料大小以及状态，选择好后，单击"设置场次和材质"按钮进行设置。选择不同模式，再单击"初始化"按钮，可将信息变为不同模式的初始状态。仓库单元监控可综合分析订单的生产进度等信息。

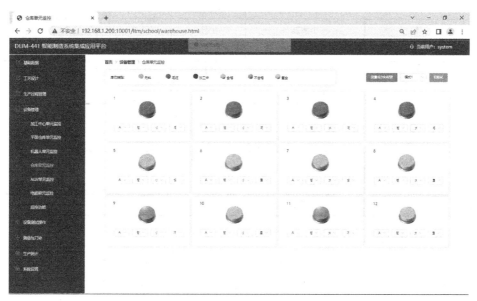

图 11-11　立体仓库单元监控

为了方便对立体仓库进行初始化，对库位预定义了三种模式，分别见表 11-6～表 11-8。其中，模式一与模式二的区别在于复合库是不是区分大小料，模式三为单库出入（即假设从 1 号出库，那么流程完成后入库也是入到 1 号库）。

除了预设以外，还可以使用"设置场次和材质"进行自定义仓库属性。

表 11-6　立体仓储库位预定义（模式一）

序号	原料材质	原料类型	库位属性	库位代码	库位号	备注
1	铝	小活塞	毛坯	0	1、2	
2	铝	小活塞	合格品	3	5	
3	铝	小活塞	不合格品	4	9	
4	铝	小活塞	复合	5	6、10	
5	铝	大活塞	毛坯	0	3、4	
6	铝	大活塞	合格品	3	7	
7	铝	大活塞	不合格品	4	11	
8	铝	大活塞	复合	5	8、12	

项目 4　智能制造系统智能加工与生产管控		任务 11　智能制造系统设备管理与生产统计	
姓名：	班级：	日期：	实施页 8

表 11-7　立体仓储库位预定义（模式二）

序号	原料材质	原料类型	库位属性	库位代码	库位号	备注
1	铝	小活塞	毛坯	0	1、2	
2	铝	小活塞	合格品	3	5	
3	铝	小活塞	不合格品	4	9	
4	铝	小活塞	毛坯	0	3、4	
5	铝	大活塞	合格品	3	7	
6	铝	大活塞	不合格品	4	11	
7	铝	大/小活塞	复合	5	6、8、10、12	

表 11-8　立体仓储库位预定义（模式三）

序号	原料材质	原料类型	库位属性	库位代码	库位号	备注
1	铝	小活塞	毛坯	0	1～6	
2	铝	大活塞	毛坯	0	7～12	

4. 平面仓库单元监控

平面仓库单元监控如图 11-12 所示，可查看平面仓库单元详情，设置场次和类型，单独设置物料大小以及状态，选择好后，单击"设置场次和材质"按钮进行设置。选择不同模式，再单击"初始化"按钮，可将信息变为不同模式的初始状态。可综合分析订单的生产进度等信息。

图 11-12　平面仓库单元监控

项目 4　智能制造系统智能加工与生产管控		任务 11　智能制造系统设备管理与生产统计	
姓名：	班级：	日期：	实施页 9

　　为了方便对平面仓库进行初始化，对库位预定义了两种模式，分别见表 11-9 和表 11-10。其中，模式一定义了库位的类型和大小，模式二为单库出入（即假设从 1 号出库，那么流程完成后入库也是入到 1 号库）。除了预设以外，还可以使用"设置场次和材质"进行自定义仓库属性。

表 11-9　平面仓储库位预定义（模式一）

序号	原料材质	原料类型	库位属性	库位代码	库位号	备注
1	铝	小活塞	毛坯	0	1	
2	铝	小活塞	合格品	3	3	
3	铝	大活塞	毛坯	0	2	
4	铝	大活塞	合格品	3	4	
5	铝	大 / 小活塞	复合	5	5、6	

表 11-10　平面仓储库位预定义（模式二）

序号	原料材质	原料类型	库位属性	库位代码	库位号	备注
1	铝	小活塞	毛坯	0	1～3	
2	铝	大活塞	毛坯	0	4～6	

5. AGV 单元监控

　　AGV 单元监控如图 11-13 所示，可获取 AGV 设备的详细信息，实时查看 AGV 设备运行状态，根据设备运行数据可以获取设备的工作进度，判断运行是否正常，并对其进行调整。

首页 > 生产看板 > AGV状态

参数名	参数值
ID	0
AGV速度	0
AGV电量	80
AGV状态	
AGV位置	0

AGV

图 11-13　AGV 单元监控

6. 电能单元监控

　　电能单元监控如图 11-14 所示，可获取电能设备的详细信息，实时查看电能状态，根据电能数据判断设备是否处于正常工作区间。

项目 4　智能制造系统智能加工与生产管控	任务 11　智能制造系统设备管理与生产统计
姓名：　　　　　　　班级：	日期：　　　　　　实施页 10

图 11-14　电能单元监控

7. 监控功能

监控功能如图 11-15 所示，可以视频的方式监控机床和设备工作信息，实时获取设备运行状态，防止设备异常操作运行，对设备的异常状态能及时进行调整。

图 11-15　监控功能

项目 4　智能制造系统智能加工与生产管控	任务 11　智能制造系统设备管理与生产统计
姓名：　　　　班级：	日期：　　　　实施页 11

四、生产统计

1. 生产报表

生产报表如图 11-16 所示，用于对生产结果信息进行统计分析与可视化展示。生产报表包括订单用时统计、成品统计、订单状态统计、生产质量统计、周零件数量统计；可统计所有订单中待排产、待生产、生产中、已完成的订单数量及比例，以及近一周每日订单完成变化趋势。

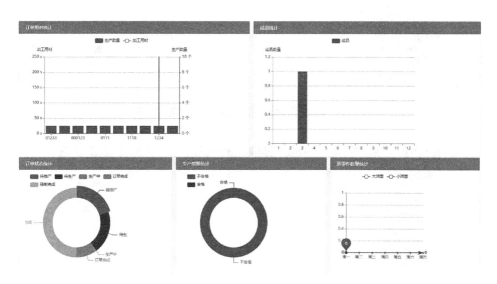

图 11-16　生产报表

2. 生产追溯

生产追溯如图 11-17 所示，可查看已完成订单，并查看订单视觉详情、工序详情、返修详情、加工代码详情等信息。

a) 生产追溯界面

图 11-17　生产追溯

项目 4　智能制造系统智能加工与生产管控	任务 11　智能制造系统设备管理与生产统计

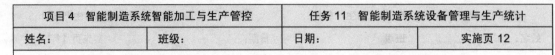

姓名：	班级：	日期：	实施页 12

b) NC 代码详情信息

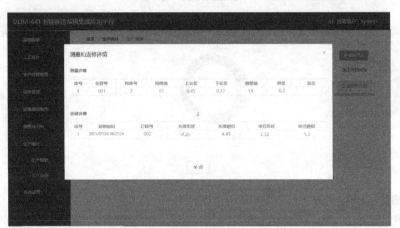

c) 测量与返修详情信息

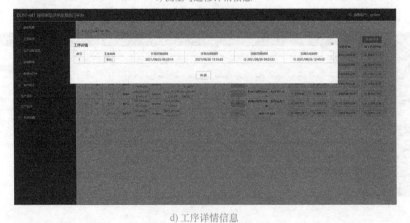

d) 工序详情信息

图 11-17　生产追溯（续）

项目 4　智能制造系统智能加工与生产管控		任务 11　智能制造系统设备管理与生产统计	
姓名：	班级：	日期：	实施页 13

五、按以下步骤进行模拟突发性设备故障维修

1）通过大屏查看报警信息。

2）查看故障发生具体设备状态。

3）研判故障，制订维修计划。

4）模拟维修，排除故障。

5）填写维修记录单。

? 引导问题 15：平时应怎样维护设备，具体有哪些措施？

? 引导问题 16：维修时应注意哪些安全操作规则？

项目 4　智能制造系统智能加工与生产管控		任务 11　智能制造系统设备管理与生产统计	
姓名：	班级：	日期：	检查页

检查验收

按照验收标准对任务完成情况进行检查验收和评价，包括图样管理、新增订单、设备状态展示、物料管理等。验收标准及评分表见表 11-11，将验收问题及其整改措施、完成时间记录于表 11-12 中。

表 11-11　验收标准及评分表

序号	验收项目	验收标准	分值	教师评分	备注
1	MES 基础操作	正确登录	10		
2	工艺设计	正确设置工艺体系	30		
3	设备管理	正确查看各设备状态	30		
4	生产统计	正确查看订单生产详情	15		
5	故障维修	正确处理故障并维修	15		
	合计		100		

表 11-12　验收过程问题记录表

序号	验收问题记录	整改措施	完成时间	备注

项目 4　智能制造系统智能加工与生产管控		任务 11　智能制造系统设备管理与生产统计	
姓名：	班级：	日期：	评价页

评价反馈

　　各组展示作品，介绍任务的完成过程并提交阐述材料，进行学生自评、学生组内互评、教师评价，完成考核评价表（见表11-13）。

　　?引导问题17：在本次任务完成过程中，你印象最深的是哪件事？

　　?引导问题18：你对智能制造系统的设备管理项目了解了多少？还想继续学习关于设备管理的哪些内容？

表 11-13　考核评价表

评价项目	评价内容	分值	自评 20%	互评 20%	教师评价 60%	合计
职业素养 40 分	安全意识、责任意识、服从意识	10				
	积极参加任务活动，按时完成工作页	10				
	团队合作、交流沟通能力	10				
	劳动纪律	5				
	现场 6S 标准	5				
专业能力 60 分	专业资料检索能力	10				
	制订计划能力	10				
	操作符合规范	15				
	工作效率	10				
	任务验收，质量意识	15				
合计		100				
创新能力 加分 20 分	创新性思维和行动	20				
总计		120				

教师签名：　　　　　　　　　　　　　学生签名：

项目 4　智能制造系统智能加工与生产管控			任务 11　智能制造系统设备管理与生产统计	
姓名：	班级：		日期：	知识页

相关知识点：MES 与设备管理知识

一、MES 的功能

MES 即制造执行系统，是一套面向制造企业车间执行层的生产信息化管理系统。

二、设备管理的概念

设备管理是对企业的所有生产设备进行管理，主要包括设备的采购、验收、安装和调试、维护和维修等工作。设备管理可以对生产设备生命周期进行管理，改变了传统上只对设备进行维修的概念。现代化设备管理要根据设备生命周期进行，通过运用信息化技术手段、成熟的管理理论和方法，从经济上、技术上、操作上等多个方面对设备使用周期进行全方位的管理，以提高设备综合能力为基础，追求设备的经济效益，从而实现企业生产经营目标。设备管理是否规范将反映企业的综合能力，设备管理的好坏将直接影响企业的生产效益。

三、设备管理的流程模型

当生产现场进行生产时，设备管理模块需要记录设备运行状况，并且分析设备的运行能力，包括生产效率和加工产品的类型，并提供给生产管理系统，以制订合理的生产计划。同时，分析设备的运行记录，制订日常维护计划，当到达维护时间时，需要停机进行维护并记录，这些也需要由生产管理系统实现，以免影响生产效率和时间要求。在生产过程中，如果出现设备故障，需要根据故障的类型执行维修操作，尽快排除故障，避免扩大对生产的影响。

扫码看知识 11：

MES 与设备管理知识

任务 12　智能制造系统生产管理

项目 4　智能制造系统智能加工与生产管控		任务 12　智能制造系统生产管理	
姓名：	班级：	日期：	任务页 1

学习任务描述

　　智能制造系统的管理通常通过 MES 来实现，MES 是面向制造企业车间执行层的生产信息化管理系统，作为连接自动化生产现场的上一级管理系统，主要用来完成制造数据管理、计划排产管理、生产调度管理、库存管理、质量管理、人力资源管理、工作中心 / 设备管理、工具工装管理、采购管理、成本管理、项目看板管理、生产过程控制、底层数据集成分析、上层数据集成分解等的模块管理。

　　从体系规模上讲，MES 规模庞大，拥有现场管理的模块较多，且各个 MES 都是针对具体的企业现场实际开发的。本学习任务要求掌握应用 MES 进行智能制造系统生产管理，包括生产过程管理、测量与刀补、系统管理的方法。

学习目标

　　（1）了解 MES 生产管理的要求。
　　（2）了解 MES 生产过程管理、测量与刀补、系统管理等模块的功能。
　　（3）掌握 MES 生产过程管理中订单管理、生产排程、生产管理的操作方法。

任务书

　　在零件加工智能制造系统中，请应用 MES 进行生产过程管理，包括订单管理、手动排程、生产管理，并进行测量与刀补、系统管理。智能制造系统集成应用平台 DLIM–441 所用 MES 软件具有基础数据管理、工艺设计、生产过程管理、设备管理、测量与刀补、生产统计、系统管理等功能，如图 12-1 所示。

基础数据管理	工艺设计	生产过程管理	设备管理	测量与刀补	生产统计	系统管理
工厂建模 人员管理 日志记录	工程表单 计划表单 加工工艺	订单管理 手动排程 生产管理	加工中心单元监控 机器人单元监控 AGV单元监控 平面仓库单元监控 立体仓库单元监控 电能单元监控 视频监控	刀具信息采集 设置测量信息 刀补返修	生产报表 生产追溯	网络连接测试 平面仓库通信测试 立体仓库通信测试 在线测量通信测试

图 12-1　MES 的主要功能

项目 4　智能制造系统智能加工与生产管控			任务 12　智能制造系统生产管理	
姓名：	班级：		日期：	任务页 2

任务分组

　　将班级学生分组，可 4～8 人为一组，轮值安排组长，使每人都有机会锻炼自己的组织协调能力和管理能力。各组任务可以相同或不同，将任务分工列入表 12-1。每人明确自己承担的任务，注意培养独立工作能力和团队协作能力。

表 12-1　学生任务分工表

班级		组号		任务	
组长		学号		指导教师	
组员	学号		任务分工		备注

学习准备

　　1）通过信息查询获得 MES 的相关知识，比较国产和国外 MES 的异同，正视我国软件系统的不足，认识到核心技术只能靠自主研发，"师夷长技"，学习国外先进技术，同时努力推动国产 MES 的发展、普及、应用和改进，培养民族自豪感。

　　2）通过查阅技术资料，理解 MES 的现场管理功能，回顾任务 11 中所掌握的 MES 管理功能。

　　3）通过小组团队合作，制订 MES 生产过程管理、测量与刀补、系统管理的工作计划，培养团队协作精神。

　　4）在教师指导下，按照工艺要求应用 MES 进行订单管理、生产排程、生产管理各部分的操作，培养严谨、认真的职业素养。

　　5）小组进行施工检查验收，解决 MES 应用中存在的问题。注重过程性评价，注重安全、节约、环保意识的养成，注重综合素养的培养和提升。

项目 4　智能制造系统智能加工与生产管控		任务 12　智能制造系统生产管理	
姓名：	班级：	日期：	信息页

获取信息

?引导问题 1：查阅资料，了解 MES 的基础知识、发展情况及实质作用。

?引导问题 2：查阅资料，了解 MES 主要用来解决哪些问题，MES 与其他工程软件相比有哪些异同。

?引导问题 3：了解 MES 软件的开发，本任务中所用 MES 的各功能模块应如何使用？

?引导问题 4：控制系统的一级、二级、三级分别指的是什么？ MES 属于哪一级？

?引导问题 5：MES 系统管理主要包括哪些功能？

?引导问题 6：如何应用 MES 的订单管理功能进行订单操作？

?引导问题 7：如何应用 MES 的手动排程功能进行订单排程管理？

?引导问题 8：如何应用 MES 的生产管理功能进行管理？

?引导问题 9：如何应用 MES 的测量与刀补功能进行加工零件的返修？

项目 4 智能制造系统智能加工与生产管控		任务 12 智能制造系统生产管理	
姓名：	班级：	日期：	计划页

工作计划

　　按照任务书要求和获取的信息制订 MES 生产过程管理、测量与刀补、系统管理工作方案，包括订单管理、手动排程、生产管理的操作，检查调试等工作内容和步骤，方案需要考虑到绿色环保与节能要素。将 MES 生产过程管理、测量与刀补、系统管理工作方案列入表 12-2 中。

表 12-2   MES 生产过程管理、测量与刀补、系统管理工作方案

步骤	工作内容	负责人

　　? 引导问题 10：MES 的系统管理主要用来做什么？为什么设置这个模块？若能采用软件编程进行开发，你觉得有哪些需要改进的地方？

　　? 引导问题 11：MES 的生产过程管理模块用来做什么？ MES 如何实现生产过程管理？

　　? 引导问题 12：思考一下，制作一个 MES，基本的元素模块应该有哪些？你还能想到什么？如何理解 MES 的管理功能？

项目 4　智能制造系统智能加工与生产管控		任务 12　智能制造系统生产管理	
姓名：	班级：	日期：	决策页

进行决策

　　对不同组员（或不同组别）的工作计划进行工艺、施工方案的对比、分析、论证，整合完善，形成小组决策，作为工作实施的依据。将计划对比分析列入表 12-3，小组决策方案列入表 12-4。

表 12-3　计划对比分析

组员	计划中的优点	计划中的缺陷	优化方案

表 12-4　MES 生产过程管理、测量与刀补、系统管理决策方案

步骤	工作内容	负责人

项目 4　智能制造系统智能加工与生产管控		任务 12　智能制造系统生产管理	
姓名：	班级：	日期：	实施页 1

工作实施

按以下步骤进行 MES 生产过程管理、测量与刀补、系统管理的实施。

1. MES 登录

进入 MES 登录页面后，输入账号（system）和密码（system）即可进入系统。智能制造系统集成应用平台 DLIM-441 所用 MES 软件登录后的系统菜单界面如图 12-2 所示。

图 12-2　MES 系统菜单界面

2. 生产过程管理

生产过程管理主要针对车间生产计划的制订与下发，以及生产过程、进度的管理，具有订单创建、订单排程、生产等功能模块。

（1）订单管理

订单管理用于订单的创建，该界面会显示所有的计划生产订单及其编号、名称、创建时间、数量、状态、创建人等信息。订单管理界面如图 12-3 所示。

图 12-3　订单管理界面

项目 4 　 智能制造系统智能加工与生产管控		任务 12 　 智能制造系统生产管理	
姓名：	班级：	日期：	实施页 2

单击"新增订单"，出现新增订单对话框，分别填写"订单编号""生产数量""选择产品"和"库位号"，并单击"确定"按钮，即可创建订单，标 * 项为必填项，订单创建界面如图 12-4 所示。

图 12-4 　 订单创建界面

（2）手动排程

手动排程界面如图 12-5 所示，在此可以进行单个或批量订单的排产。每个订单前面有勾选框，同时勾选多个订单，然后单击右上角的"确定排产"按钮，即可批量派发。每个订单右侧有对应的"排产"按钮，单击对应按钮即可对单个订单进行排产。订单左侧"工序详情"展开后为生产工艺信息。

图 12-5 　 手动排程界面

项目 4　智能制造系统智能加工与生产管控		任务 12　智能制造系统生产管理	
姓名：	班级：	日期：	实施页 3

（3）生产管理

订单排程后，在生产管理界面可以看到所有待生产订单，可对订单进行自动生产、手动生产、插入订单、停止生产等操作，订单可以进行单个或批量生产设置。生产管理操作界面如图 12-6 所示。

图 12-6　生产管理操作界面

下面对图 12-6 所示界面进行说明。

1）机床：显示机床当前启用状态，绿色为启用，红色为未启用。

2）自动生产：勾选订单左侧勾选框（可多选），然后单击右上角"自动生产"按钮，系统开始自动生产。

3）插入订单：当有订单处于自动生产中时，可勾选需要插入的订单，然后单击"插入订单"按钮，该订单会进入生产行列中。

4）停止生产：可停止当前所有生产中的订单，并将这些订单标为强制生产完成的状态。

5）手动生产：每条订单右侧都有生产步骤按钮，单击该按钮，可执行当前步骤，当前步骤完成后，会显示下一步骤按钮，直到生产完成。生产步骤界面如图 12-7 所示。

图 12-7　生产步骤界面

项目 4　智能制造系统智能加工与生产管控		任务 12　智能制造系统生产管理	
姓名：	班级：	日期：	实施页 4

6）生产完成后会显示"返修"按钮，如果订单产品不合格，可单击"返修"按钮进入返修页面，进行产品返修。

3. 测量与刀补

MES 的测量与刀补主要有刀具信息采集、设置测量信息、刀补返修三部分，其操作方法请参考本任务知识页。

4. 系统管理

MES 的系统管理主要有网络连接测试、仓库通信测试、在线测头通信测试等项目，其操作方法请参考本任务知识页。

?引导问题 13：若是自己设计订单排程与生产过程管理，你将设计哪些内容？

?引导问题 14：实施中有哪些安全、环保、节约的注意事项？

?引导问题 15：实施中遇到了哪些计划中没有考虑到的问题？是如何解决的？你的专业认识和职业素养得到了哪些提高？

小提示

MES 是根据现场的控制要求开发的应用软件，其设计思路是根据实际现场管理情况进行编写的。

项目 4　智能制造系统智能加工与生产管控		任务 12　智能制造系统生产管理	
姓名：	班级：	日期：	检查页

检查验收

按照验收标准对任务完成情况进行检查验收和评价。验收标准及评分表见表 12-5，将验收问题及其整改措施、完成时间记录于表 12-6 中。

表 12-5　验收标准及评分表

序号	验收项目	验收标准	分值	教师评分	备注
1	MES 基础操作	正确登录	10		
2	订单管理	正确创建订单及下单	15		
3	订单排产	根据工件情况进行订单排产	15		
4	生产管理	对订单正确进行自动生产、手动生产、插入订单等操作	15		
5	采集测量信息	正确获取测头测量信息	10		
6	刀补返修	正确判断工件是否需要返修，返修操作无误	10		
7	网络连接测试	拓扑图测试方法正确	15		
8	仓库通信测试	五色灯测试方法正确	10		
合计			100		

表 12-6　验收过程问题记录表

序号	验收问题记录	整改措施	完成时间	备注

项目4　智能制造系统智能加工与生产管控			任务12　智能制造系统生产管理	
姓名：	班级：	日期：		评价页

评价反馈

各组展示作品，介绍任务的完成过程并提交阐述材料，进行自评、组内互评、教师评价，完成考核评价表（见表12-7）。

?引导问题16：在本次任务完成过程中，你印象最深的是哪件事？自己的职业能力得到了哪些提高？

?引导问题17：你对MES有了哪些了解？还想继续学习MES的哪些内容？

表12-7　考核评价表

评价项目	评价内容	分值	自评 20%	互评 20%	教师评价 60%	合计
职业素养 40分	爱岗敬业、安全意识、责任意识、服从意识	10				
	积极参加任务活动，按时完成工作页	10				
	团队合作、交流沟通能力、集体主义精神	10				
	劳动纪律，职业道德	5				
	现场6S标准，行为规范	5				
专业能力 60分	专业资料检索能力，中外品牌分析能力	10				
	制订计划能力，严谨认真	10				
	操作符合规范，精益求精	15				
	工作效率，分工协作	10				
	任务验收，质量意识	15				
合计		100				
创新能力 加分20分	创新性思维和行动	20				
总计		120				
教师签名：			学生签名：			

项目 4　智能制造系统智能加工与生产管控	任务 12　智能制造系统生产管理	
姓名：	班级：	日期：	知识页

相关知识点：MES 测量与刀补、系统管理功能

一、MES 概念

MES(Manufacturing Execution System) 的概念于 1990 年由美国先进制造研究中心 AMR 提出。在应用方面，制造企业的信息系统是由许多独立子系统组成，基于事务处理的子系统和许多基于实时操作的工厂子系统，集成难度非常高、相容性比较低。由于制造过程及过程控制对象的复杂性和专有性，使得 MES 形态有比较大的差异，应用模式也可能完全不同，这些因素客观上造成了 MES 产品与服务市场的多样性。

二、测量与刀补

1. 刀具信息采集

2. 设置测量信息

3. 刀补返修

三、系统管理

1. 网络连接测试

2. 仓库通信测试

3. 在线测头通信测试

四、系统生产管理的综合实施

扫码看知识 12：

MES 测量与刀补、系统管理功能

任务 13　优化系统生产节拍

项目 4　智能制造系统智能加工与生产管控		任务 13　优化系统生产节拍	
姓名：	班级：	日期：	任务页 1

学习任务描述

　　智能制造系统应用的目标是保证产品质量，提高产品生产效率。智能制造系统可以利用数字化双胞胎系统、产品生命周期管理（PLM）系统、MES、工业互联网等先进技术优化工艺，以加快生产节拍，扩大产品产能。例如，通过 MES 实现设备与生产管理正常，通过手动排程和自动排程方式下单进行多种零件的批量加工，并在加工过程中进行数据采集和过程控制，通过调整 PLC 控制逻辑、机器人姿态及路径优化、数控机床加工参数优化来提升系统运行节拍。本学习任务要求了解优化系统生产节拍的措施，掌握关键环节提高工作效率的方法，完成现场管理的优化操作。

学习目标

　　（1）了解生产运行效率的概念。
　　（2）了解提高生产运行效率的措施。
　　（3）了解生产节拍的计算方法。
　　（4）根据实际工作情况对生产运行效率进行计算。
　　（5）根据实际生产系统提出毛坯出库、AGV 运转、机器人上下料、数控加工等关键环节提高工作效率的方法。
　　（6）根据任务实施情况提出系统进一步优化的方案，并注重安全、节约与环保要求。

任务书

　　在零件加工智能制造系统中，请根据生产过程完成从毛坯件出库到成品件入库的整体生产流程演示。在演示过程中，记录各生产工艺环节的时间，分析零件加工各工序的生产节拍，计算生产效率、生产产能，分析瓶颈工序，提出提高生产效率的方法。

项目 4　智能制造系统智能加工与生产管控	任务 13　优化系统生产节拍
姓名：　　　　班级：	日期：　　　　任务页 2

任务分组

　　将班级学生分组，可 4～8 人为一组，轮值安排组长，使每人都有机会锻炼自己的组织协调能力和管理能力。各组任务可以相同或不同，将任务分工列入表 13-1 中。每人明确自己承担的任务，注意培养独立工作能力和团队协作能力。

表 13-1　学生任务分工表

班级		组号		任务		
组长		学号		指导教师		
组员	学号		任务分工			备注

学习准备

　　1）通过信息查询获得关于生产管理相关的应用知识，包括产品性能、应用领域、技术特点及发展规模，培养民族自豪感。

　　2）查阅资料，了解精益生产制造的相关概念、MES 在精益生产管理中的作用，并培养严谨、认真的职业素养。

　　3）通过对系统工作的认知，了解智能制造系统的关键环节。

　　4）小组讨论，针对智能制造系统工作过程，分析影响生产效率的各种因素，以及提高生产效率的方法。

　　5）小组合作，计算零件加工的生产节拍、生产效率和生产产能。

　　6）在教师指导下，根据生产节拍要求完成相应的系统优化工作，培养精益求精的工匠精神。

项目 4　智能制造系统智能加工与生产管控		任务 13　优化系统生产节拍	
姓名：	班级：	日期：	信息页

获取信息

　　? 引导问题 1：查阅资料，了解提高生产效率的意义和价值。

　　? 引导问题 2：查阅资料，分析影响智能制造系统生产效率的因素。

　　? 引导问题 3：MES 对现场管理的优化可从哪些方面进行？

　　? 引导问题 4：从 MES 上怎样获取工艺设计 EBOM、PBOM？

　　? 引导问题 5：如何使用 MES 完成生产过程中的订单管理？

　　? 引导问题 6：订单管理如何进行手动调整？

　　? 引导问题 7：如何从 MES 中进行实时生产管理监控？

　　? 引导问题 8：请绘制优化系统生产节拍的工艺流程框图。

小提示

　　MES 能够进行系统生产节拍的优化，前提是软件设计时就要有相关规划和设计，使用者才能应用。
MES 可提供的现场数据如图 13-1 所示。

工艺设计	生产过程管理	设备管理	测量与刀补	生产统计	系统设置	用户管理
● EBOM	● 订单管理	● 加工中心监控	● 刀具信息采集	● 生产数据统计	● 网络拓扑图	● 人员管理
● PBOM	● 手动排程	● 机器人监控	● 设置测量信息	● 质量追溯	● 机床通信测试	● 权限管理
● 加工工艺	● 自动排程	● 料仓监控	● 测量值获取	● 设备看板	● 料仓通信测试	
	● 生产管理	● AGV监控	● 刀补和返修		● 机器人通信测试	
		● 监控功能			● 在线测头通信测试	
					● AGV通信测试	
					● 文件共享	
					● 日志	

图 13-1　MES 可提供的现场数据

项目 4 智能制造系统智能加工与生产管控		任务 13 优化系统生产节拍	
姓名：	班级：	日期：	计划页

工作计划

按照任务书要求和获取的信息制订从毛坯件出库到成品件入库的每个工序用时，制订优化系统生产节拍的工作方案，包括工艺流程安排、检查调试等工作内容和步骤，完成取、放料动作的工艺方案，方案需要考虑到绿色环保与节能要素。将工序用时记录列入表 13-2，优化系统生产节拍工作方案列入表 13-3。

表 13-2 工序用时记录

工序	工作内容	负责人

表 13-3 优化系统生产节拍工作方案

步骤	工作内容	负责人

项目 4　智能制造系统智能加工与生产管控		任务 13　优化系统生产节拍	
姓名：	班级：	日期：	决策页

进行决策

　　对不同组员（或不同组别）的工作计划进行工艺、施工方案的对比、分析、论证，整合完善，形成小组决策，作为工作实施的依据。将计划对比分析列入表 13-4，小组决策方案列入表 13-5。

表 13-4　计划对比分析

组员	计划中的优点	计划中的缺陷	优化方案

表 13-5　小组决策方案

步骤	工作内容	负责人

项目 4 智能制造系统智能加工与生产管控		任务 13 优化系统生产节拍	
姓名：	班级：	日期：	实施页 1

工作实施

1. 按以下步骤记录各环节生产节拍时间

（1）毛坯件出库

记录三轴机械手抓取毛坯件出库各步所用的时间。

？引导问题 9：提高机械手运行速度是否可以缩短毛坯件出库的时间？缩短时间后如何与其他工序进行匹配？

（2）AGV 转运

记录 AGV 将出库毛坯件运送至缓冲位各步所用的时间。

？引导问题 10：思考路径磁条和芯片的位置是否会影响 AGV 的运行效率，如何缩短 AGV 转运物料的时间？

（3）机器人上料搬运

记录机器人上料各步所用的时间。

？引导问题 11：上料前数控机床需要满足哪些准备条件？

？引导问题 12：提升机器人运行速度是否可以缩短机器人上料搬运时间？

（4）数控加工与在线测量

记录数控加工与在线测量各步所用的时间。

？引导问题 13：如何缩短数控加工的时间？加工参数应如何优化？

（5）机器人下料搬运

记录机器人下料各步所用的时间。

？引导问题 14：如何缩短机器人下料时间？

项目 4 智能制造系统智能加工与生产管控		任务 13 优化系统生产节拍	
姓名:	班级:	日期:	实施页 2

（6）成品检测

记录成品检测各步所用的时间。

? 引导问题 15：如何缩短成品件检测时间？

（7）成品件入库

记录成品件入库各步所用的时间。

? 引导问题 16：如何缩短成品件入库时间？

2. 生产分析

根据各工序时间记录完成生产工序报表，并分析影响生产效率的因素。

? 引导问题 17：如何协调各个工序，既能满足生产要求，又能提高生产效率？

? 引导问题 18：订单管理如何优化？

? 引导问题 19：若优化不满足设定要求，请查找原因。

? 引导问题 20：若进行了优化，优化可行的根据是哪些？

小提示

优化要根据工作要求并结合现场条件进行，做到切实可行。

项目 4　智能制造系统智能加工与生产管控		任务 13　优化系统生产节拍	
姓名：	班级：	日期：	检查页

检查验收

按照验收标准对任务完成情况进行检查验收和评价。验收标准及评分表见表 13-6，将验收问题及其整改措施、完成时间记录于表 13-7 中。

表 13-6　验收标准及评分表

序号	验收项目	验收标准	分值	教师评分	备注
1	记录各工序时间	记录正确	20		
2	分析生产线产能	分析合理	20		
3	分析生产线效率	分析合理	20		
4	分析生产线节拍	分析合理	20		
5	提升产能与节拍	效率提高	20		
合计			100		

表 13-7　验收过程问题记录表

序号	验收问题记录	整改措施	完成时间	备注

项目 4　智能制造系统智能加工与生产管控		任务 13　优化系统生产节拍	
姓名：	班级：	日期：	评价页

评价反馈

各组展示作品，介绍任务的完成过程并提交阐述材料，进行学生自评、学生组内互评、教师评价，完成考核评价表（见表 13-8）。

？引导问题 21：在本次任务完成过程中，你印象最深的是哪件事？

？引导问题 22：结合"优化系统生产节拍"谈谈自己的认识，还希望继续学习哪些相关内容？

表 13-8　考核评价表

评价项目	评价内容	分值	自评 20%	互评 20%	教师评价 60%	合计
职业素养 40 分	爱岗敬业、安全意识、责任意识、服从意识	10				
	积极参加任务活动，按时完成工作页	10				
	团队合作、交流沟通能力、集体主义精神	10				
	劳动纪律，职业道德	5				
	现场 6S 标准，行为规范	5				
专业能力 60 分	专业资料检索能力，中外品牌分析能力	10				
	制订计划能力，严谨认真	10				
	操作符合规范，精益求精	15				
	工作效率，分工协作	10				
	任务验收，质量意识	15				
合计		100				
创新能力 加分 20 分	创新性思维和行动	20				
总计		120				
教师签名：　　　　　　　　　　　　　学生签名：						

项目 4 智能制造系统智能加工与生产管控		任务 13 优化系统生产节拍	
姓名：	班级：	日期：	知识页

👆 **相关知识点：** 生产效率、生产节拍的概念与分析计算

一、生产效率

1. 生产效率的概念

生产效率是指生产系统的实际生产率。精益生产要求以有效满足用户需求为目标，充分利用企业资源要素，减少生产过程的非增值时间，消除由于设备停顿或管理不善导致的浪费，保证生产加工和物料流动正常有序进行，综合提高生产系统运行效率。

2. 提高生产效率的措施与要点

（1）管理措施

提高生产效率的目的在于减少生产过程中的非增值时间，使有效生产时间尽可能长。采取的主要措施有生产报表制度、快速响应、快速切换、全员生产维护、综合管理方法。

（2）实施要点

3. 生产效率计算

计算公式：生产效率 = 实际运行时间 / 计划运行时间

（1）实际运行时间

（2）计划运行时间

二、生产节拍

1. 生产节拍的概念

生产节拍是指将完成单位产品（零、部件）所需要的作业分配到各设备（或工序）时，各设备（或工序）完成相应作业所允许的最大时间。节拍确定了一条生产线的日产量。

2. 产量的计算

3. 节拍的分析计算

（1）流水线同步生产

（2）单元生产节拍

扫码看知识 13：

生产效率、生产节拍的概念与分析计算

任务 14　智能制造系统仿真运行管理

项目 4　智能制造系统智能加工与生产管控		任务 14　智能制造系统仿真运行管理	
姓名：	班级：	日期：	任务页 1

学习任务描述

　　智能制造系统的仿真运行是通过计算机和软件技术将真实系统工作实境反映出来，通过建立能描述智能制造系统结构和工作过程的、具有一定逻辑关系或数量关系的仿真模型进行试验和分析，以获得优化和管理所需的各种信息，提前做出正确决策。本学习任务要求掌握数字化双胞胎仿真软件的应用，完成 3D 模型的导入和 I/O 信号关联，与 PLC、机器人、MES 的通信连接，实现智能制造系统的仿真运行。

学习目标

　　（1）了解数字化双胞胎技术的概念、数字化双胞胎系统的基本功能等知识。
　　（2）应用数字化双胞胎仿真软件导入智能制造系统 3D 模型，完成 I/O 信号关联。
　　（3）完成 PLC、机器人、MES 与数字化双胞胎仿真软件的通信连接。
　　（4）分析并解决任务实施中出现的问题，并注重安全、节约和环保。

任务书

　　在零件加工智能制造系统中，应用数字化双胞胎软件搭建系统仿真模型，建立系统中各部分的连接，运行系统，进行系统管理。与 DLIM-441 智能制造系统配套的 DLIM-DT01B 数字化双胞胎仿真技术应用平台如图 14-1 所示。

图 14-1　DLIM-DT01B 数字化双胞胎仿真技术应用平台

项目 4　智能制造系统智能加工与生产管控		任务 14　智能制造系统仿真运行管理	
姓名：	班级：	日期：	任务页 2

任务分组

　　将班级学生分组，可 4～8 人为一组，轮值安排组长，使每人都有机会锻炼自己的组织协调能力和管理能力。各组任务可以相同或不同，将任务分工列入表 14-1。每人明确自己承担的任务，注意培养独立工作能力和团队协作能力。

表 14-1　学生任务分工表

班级		组号		任务		
组长		学号		指导教师		
组员	学号	任务分工				备注

学习准备

　　1）通过信息查询了解仿真技术、数字化双胞胎系统的知识；比较国产和国外系统仿真的异同，努力推动国产系统仿真的发展和应用，树立民族自豪感。

　　2）通过查阅技术资料了解数字化双胞胎仿真软件的功能和应用。

　　3）通过小组合作，使用数字化双胞胎仿真软件导入系统 3D 模型，完成 I/O 信号关联，培养团队协作精神。

　　4）在教师指导下完成数字化双胞胎仿真软件与系统设备的通信连接，并培养严谨、认真的职业素养。

　　5）在教师指导下完成数字化双胞胎系统仿真运行和管理，培养精益求精的工匠精神。

　　6）小组进行施工检查验收，通过仿真运行，发现并解决具体系统中存在的问题。注重过程性评价，注重安全、节约、环保意识的养成，注重综合素养的培养和提升。

项目 4　智能制造系统智能加工与生产管控		任务 14　智能制造系统仿真运行管理	
姓名：	班级：	日期：	信息页

获取信息

? 引导问题 1：查阅资料，了解数字化双胞胎仿真技术的意义和作用。

? 引导问题 2：查阅资料，了解数字化双胞胎仿真软件与其他工程软件的区别与相同点。

? 引导问题 3：在智能制造系统中应用数字化双胞胎技术仿真能够解决什么问题？

? 引导问题 4：数字化双胞胎软件平台各功能模块如何使用？

? 引导问题 5：数字化双胞胎软件平台搭建智能制造系统有哪些软硬件要求？

? 引导问题 6：数字化双胞胎仿真软件如何进行 3D 模型导入和 I/O 信号关联？如何实现 PLC、机器人、MES 的通信连接？

小提示

数字化双胞胎仿真技术应用平台由硬件和软件两部分组成，硬件主要包括网络层套件、操作台、PLC、触摸屏、工控机等，软件主要包括 PLC 编程、组态监控、工业机器人离线编程、数字化双胞胎系统、MES 等软件。数字化双胞胎系统可实时仿真生产实际情况并对其进行控制。

项目 4　智能制造系统智能加工与生产管控		任务 14　智能制造系统仿真运行管理	
姓名：	班级：	日期：	计划页

工作计划

　　按照任务书要求和获取的信息制订智能制造系统数字化双胞胎软件仿真运行管理的工作方案，方案需要考虑到绿色环保与节能要素，系统优化可以通过试错等过程进行修改设计。将数字化双胞胎软件仿真运行管理工作方案列入表 14-2。

表 14-2　数字化双胞胎软件仿真运行管理工作方案

步骤	工作内容	负责人

　　? 引导问题 7：画出使用数字化双胞胎仿真软件进行系统仿真运行管理的工作流程框图。

项目 4　智能制造系统智能加工与生产管控		任务 14　智能制造系统仿真运行管理	
姓名：	班级：	日期：	决策页

进行决策

对不同组员（或不同组别）的工作计划进行对比、分析、论证，整合完善，形成小组决策，作为工作实施的依据。将计划对比分析列入表 14-3，小组决策方案列入表 14-4。

表 14-3　计划对比分析

组员	计划中的优点	计划中的缺陷	优化方案

表 14-4　小组决策方案

步骤	工作内容	负责人

项目 4　智能制造系统智能加工与生产管控		任务 14　智能制造系统仿真运行管理	
姓名：	班级：	日期：	实施页 1

工作实施

按以下步骤实施数字化双胞胎仿真软件运行管理。

1. 3D 模型导入

将智能制造系统各部分的 3D 模型导入数字化双胞胎仿真软件，操作界面如图 14-2 所示。

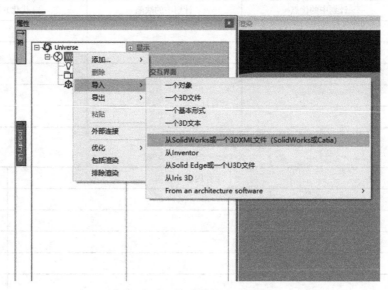

图 14-2　3D 模型的导入界面

? 引导问题 8：思考 3D 模型从何而来，自己有无建模能力？

? 引导问题 9：导入 3D 模型过程中遇到了哪些问题？是如何解决的？

2. I/O 信号映射关联

各部分虚实 I/O 信号映射关联如图 14-3 所示。

? 引导问题 10：I/O 信号映射关联的意义是什么？

项目 4　智能制造系统智能加工与生产管控		任务 14　智能制造系统仿真运行管理	
姓名：	班级：	日期：	实施页 2

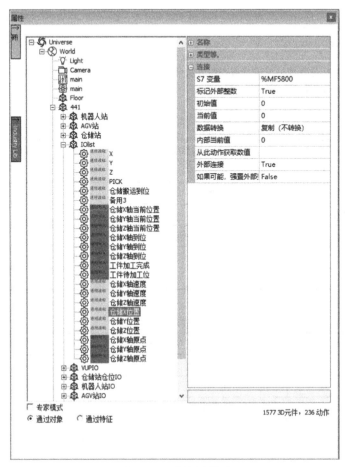

图 14-3　I/O 信号映射关联

3. PLC、机器人、MES 与数字化双胞胎仿真软件的通信连接

相关操作可参考知识页。

? 引导问题 11：PLC、机器人、MES 与数字化双胞胎仿真软件通信连接的难点在哪里？

? 引导问题 12：当使用数字化双胞胎软件与实际设备建立通信连接后，动作的实时一致是怎么做到的？请描述仿真运行的信号映射和通信关系。

4. 数字化双胞胎仿真运行

试将数字化双胞胎平台与真实机器人控制器连接，观察虚拟机器人与真实机器人虚实联动的情况。

? 引导问题 13：数字化双胞胎软件的仿真运行需要哪些步骤？

? 引导问题 14：试用数字化双胞胎仿真软件实现工业机器人将物料托盘从缓冲位运送至 RFID 位的仿真运行，观察过程，处理所遇到的问题。

项目 4　智能制造系统智能加工与生产管控		任务 14　智能制造系统仿真运行管理	
姓名：	班级：	日期：	检查页

检查验收

按照验收标准对任务完成情况进行检查验收和评价。验收标准及评分表见表 14-5，将验收问题及其整改措施、完成时间记录于表 14-6 中。

表 14-5　验收标准及评分表

序号	验收项目	验收标准	分值	教师评分	备注
1	3D 模型导入	模型导入成功	20		
2	I/O 信号关联	变量连接正确	20		
3	PLC 通信连接	PLC 通信连接正确	20		
4	机器人通信连接	虚拟机器人通信连接正确	20		
5	仿真运行	动作正确，运行流畅	20		
	合计		100		

表 14-6　验收过程问题记录表

序号	验收问题记录	整改措施	完成时间	备注

项目 4　智能制造系统智能加工与生产管控		任务 14　智能制造系统仿真运行管理	
姓名:	班级:	日期:	评价页

评价反馈

各组展示、介绍任务的完成过程并提交阐述材料，进行学生自评、学生组内互评、教师评价，完成考核评价表（见表 14-7）。

? 引导问题 15：在本次任务完成过程中，你印象最深的是哪件事？

? 引导问题 16：你对数字化双胞胎仿真技术有了哪些了解？还想继续学习哪些相关内容？

表 14-7　考核评价表

评价项目	评价内容	分值	自评 20%	互评 20%	教师评价 60%	合计
职业素养 40 分	爱岗敬业、安全意识、责任意识、服从意识	10				
	积极参加任务活动，按时完成工作页	10				
	团队合作、交流沟通能力、集体主义精神	10				
	劳动纪律，职业道德	5				
	现场 6S 标准，行为规范	5				
专业能力 60 分	专业资料检索能力，中外品牌分析能力	10				
	制订计划能力，严谨认真	10				
	操作符合规范，精益求精	15				
	工作效率，分工协作	10				
	任务验收，质量意识	15				
合计		100				
创新能力 加分 20 分	创新性思维和行动	20				
总计		120				

教师签名：　　　　　　　　　　　　　　　学生签名：

项目4　智能制造系统智能加工与生产管控		任务14　智能制造系统仿真运行管理	
姓名：	班级：	日期：	知识页

相关知识点：DLIM-DT01A 数字化双胞胎技术应用平台

一、平台简介

　　DLIM-DT01A 数字化双胞胎技术应用平台的硬件主要由网络层套件、操作台、PLC、触摸屏、工控机等组成，软件主要由 PLC 编程软件、组态监控软件、工业机器人离线编程控制软件、数字化双胞胎系统、MES 等组成。

二、软件介绍

1.3D 模型的导入

2. 数字化双胞胎仿真软件 I/O 信号关联

3.PLC 与数字化双胞胎仿真软件通信连接

4. 虚拟机器人与数字化双胞胎仿真软件通信连接

5. 真实机器人与数字化双胞胎系统连接

6. 与 MES 通信相联

扫码看知识 14：

DLIM-DT01A 数字化双胞胎技术应用平台

扫码看视频 5：

数字化双胞胎建模与虚实结合

任务 15　产品生命周期管理认知

项目 4　智能制造系统智能加工与生产管控		任务 15　产品生命周期管理认知	
姓名:	班级:	日期:	任务页 1

学习任务描述

产品生命周期管理（Product Life-Cycle Management，PLM）是用于智能制造企业的质量管理系统。

本学习任务要求掌握西门子 Teamcenter 软件的安装和操作，了解产品生命周期管理的概念、意义和结构。

学习目标

（1）了解产品生命周期管理的概念、内容、框架、管理流程等基础常识。

（2）了解常见产品生命周期管理（PLM）系统的品牌、特征与应用特点。

（3）掌握西门子 Teamcenter 软件的安装及操作。

（4）应用 Teamcenter 软件进行用户设置、系统基本操作、业务对象操作、数据查询操作及工作流程操作。

（5）对建立的项目进行风险管控、施工检查验收，并对工作方案进行优化和完善。

任务书

面向智能制造系统，了解智能制造产品生命周期管理（PLM）的总体模型，分析 PLM 相关知识和应用特点，安装 Teamcenter 软件，建立新的项目，掌握用户设置、系统基本操作、业务对象操作、数据查询操作及工作流程操作。

项目 4 智能制造系统智能加工与生产管控		任务 15 产品生命周期管理认知	
姓名：	班级：	日期：	任务页 2

任务分组

将班级学生分组，可 4～8 人为一组，轮值安排组长，使每人都有机会锻炼自己的组织协调能力和管理能力。各组任务可以相同或不同，将任务分工列入表 15-1。每人明确自己承担的任务，注意培养独立工作能力和团队协作能力。

表 15-1   学生任务分工表

班级		组号		任务	
组长		学号		指导教师	
组员	学号	任务分工			备注

学习准备

1）通过信息查询获得关于 PLM 的信息，包括应用领域、技术特点及发展规模，培养民族自豪感。

2）通过查阅技术资料了解 PLM 的框架和功能，正视国内技术的不足，在学习国外先进技术的同时推动国产系统的发展和应用。

3）通过小组合作，写出 PLM 的作用、功能、特征及组成要素，培养团队协作精神。

4）在教师指导下，安装 Teamcenter 软件，并熟悉操作界面，培养严谨、认真的职业素养。

5）在教师指导下，使用 Teamcenter 软件建立 PLM 管理项目，进行案例操作，培养精益求精的工匠精神。

项目4　智能制造系统智能加工与生产管控		任务15　产品生命周期管理认知	
姓名：	班级：	日期：	信息页

获取信息

? 引导问题1：查询资料，了解产品生命周期管理的概念、发展、内容及软件品牌。

? 引导问题2：智能制造企业为什么需要产品生命周期管理？

? 引导问题3：西门子 PLM 软件 Teamcenter 具有什么特点？在国内外市场的占有率如何？

? 引导问题4：如何尽快学习并掌握 Teamcenter 软件的操作方法？

? 引导问题5：Teamcenter 中的结构管理和流程设置与什么因素有关？

小提示

　　产品生命周期管理（PLM）系统是将产品从诞生到结束作为一个管理周期的全过程管理系统。它使得产品数据在参与者、流程和组织之间得到共享，并能够有效管理产品的整个生命周期，从产品的最初构想一直到产品被淘汰和废弃为止。

　　安装 Teamcenter 客户端时，应通过正规渠道获取软件。安装完成后，可在网上找到其操作手册，按操作手册进行相关的初始设置。

项目 4　智能制造系统智能加工与生产管控		任务 15　产品生命周期管理认知	
姓名：	班级：	日期：	计划页

工作计划

　　按照任务书要求和获取的信息，通过各种信息渠道收集产品生命周期管理的基础知识，制订掌握产品生命周期管理相关知识的工作计划，包括安装软件查找、软件使用等内容。组长分配学习任务，组员分别独立承担用户设置、系统基本操作、业务对象操作、数据查询操作及工作流程操作等分模块任务，然后在组员之间相互学习，交流自学完成的任务和知识。将产品生命周期管理认知计划列入表 15-2，Teamcenter 工作计划列入表 15-3。

表 15-2　产品生命周期管理认知计划

步骤	工作内容	负责人
1	查找资料：	
2	组员分工：	
3	PLM 模型框架：	
4	PLM 的功能、智能制造的应用领域：	
5	PLM 的发展历程：	
6	PLM 软件的品牌及特点：	

表 15-3　Teamcenter 工作计划

序号	名称	工作内容	负责人
1	用户设置		
2	系统基本操作		
3	业务对象操作		
4	数据查询操作		
5	工作流程操作		

项目 4　智能制造系统智能加工与生产管控		任务 15　产品生命周期管理认知		
姓名：	班级：	日期：		决策页

进行决策

　　对不同组员（或不同组别）的工作计划进行选材、工艺、施工方案的对比、分析、论证，整合完善形成小组决策，作为工作实施的依据。将计划对比分析列入表 15-4，小组决策方案列入表 15-5。

表 15-4　计划对比分析

组员	计划中的优点	计划中的缺陷	优化方案

表 15-5　小组决策方案

步骤	工作内容	负责人

项目4　智能制造系统智能加工与生产管控		任务15　产品生命周期管理认知	
姓名：	班级：	日期：	实施页 1

工作实施

按以下步骤实施产品生命周期管理认知。

1. 产品生命周期管理（PLM）软件的安装

1）在计算机上，安装 Teamcenter 客户端。

2）阅读 Teamcenter 用户操作手册。

3）登录软件，进行用户设置，如图15-1所示。

图 15-1　软件登录及用户设置界面

? 引导问题6：如何更改用户密码？

? 引导问题7：如何临时变更用户角色？

2. PLM 软件使用

各组员按用户手册项目进行分工，每人任务各有所侧重。

1）组员 A 进行业务对象操作。

2）组员 B 进行结构管理器操作。

3）组员 C 进行数据查询。

4）组员 D 进行数据工作流程操作。

? 引导问题8：对零件组、数据集进行创建前，需要哪些基础资料？

? 引导问题9：业务创建的各项操作之间具有什么形式的关联？

项目 4 智能制造系统智能加工与生产管控		任务 15 产品生命周期管理认知	
姓名:	班级:	日期:	实施页 2

3. 小组合作

各组员把自己所了解和掌握的工作项目在小组内开展交流。

? 引导问题 10：如何合理安排组员互相交流的顺序？

? 引导问题 11：在交流中你学会了哪些操作？请上机操作。

4. 案例任务

根据所掌握的 PLM 知识和技能，针对某智能制造工厂产品进行 PLM 系统设置操作，要求所建立的 PLM 文件符合该工厂产品的管理要求、工艺特点，设置科学合理。案例任务可由各组收集并在软件上操作。

? 引导问题 12：若结构管理器中的结构设置需要调整，应如何调整？

? 引导问题 13：非流程工作人员如何查看流程执行情况？

〔小提示〕

业务对象设置、结构管理设置是整个 PLM 中的基础数据，因此应对产品的管理要求、工艺特点等细节属性有充分了解。

项目 4 智能制造系统智能加工与生产管控		任务 15 产品生命周期管理认知	
姓名：	班级：	日期：	检查页

检查验收

按照验收标准对任务完成情况，进行检查验收和评价。验收标准及评分表见表 15-6，将验收过程问题记录于表 15-7 中。

表 15-6   验收标准及评分表

序号	验收项目	验收标准	分值	教师评分	备注
1	用户登录	正确登录	10		
2	用户设置	各项用户设置参数正确	10		
3	业务对象设置	对象参数正确	30		
4	结构管理器设置	结构与预期合理	20		
5	工作流程	数据流程符合预定工艺要求	30		
合计			100		

表 15-7   验收过程问题记录表

序号	验收问题记录	整改措施	完成时间	备注

项目 4　智能制造系统智能加工与生产管控		任务 15　产品生命周期管理认知	
姓名：	班级：	日期：	评价页

评价反馈

各组员展示工作效果，介绍任务的完成过程并提交阐述材料，进行学生自评、学生组内互评、教师评价，完成考核评价表（见表 15-8）。

? 引导问题 14：在本次任务完成过程中，你印象最深的是哪件事？

? 引导问题 15：你对西门子 PLM 软件 Teamcener 了解了多少？还想继续学习关于 PLM 的哪些内容？

表 15-8　考核评价表

评价项目	评价内容	分值	自评 20%	互评 20%	教师评价 60%	合计
职业素养 40分	安全意识、责任意识、服从意识	10				
	积极参加任务活动，按时完成工作页	10				
	团队合作、交流沟通能力	10				
	劳动纪律	5				
	现场 6S 标准	5				
专业能力 60分	专业资料检索能力	10				
	制订计划能力	10				
	操作符合规范	15				
	工作效率	10				
	任务验收，质量意识	15				
合计		100				
创新能力 加分20分	创新性思维和行动	20				
总计		120				

教师签名：　　　　　　　　　　学生签名：

项目 4　智能制造系统智能加工与生产管控		任务 15　产品生命周期管理认知	
姓名：	班级：	日期：	知识页

相关知识点：PLM 基础知识

一、产品生命周期管理（PLM）系统

产品生命周期管理（PLM）系统是将产品从诞生到结束作为一个管理周期的全过程管理系统。它使得产品数据在参与者、流程和组织之间得到共享，并能够有效管理产品的整个生命周期，从产品的最初构想一直到产品被淘汰和废弃为止。产品的生命周期一般包含 BOL（Beginning of life）、MOL（Middle of life）和 EOL（End of life）三个阶段。

二、生命周期理论

产品生命周期（product life cycle）是产品的市场存在寿命，即新产品从开始进入市场到被市场淘汰的整个过程，包括产品的引入期、成长期、成熟期和衰退期。

（1）产品生命周期理论的基本内容
（2）产品生命周期管理系统的基本框架
（3）产品生命周期的特征
（4）面向产品生命周期的质量管理要素

三、西门子 Teamcenter 系统

扫码看知识 15：

PLM 基础知识

项目 5

智能制造系统质量控制

项目 5　智能制造系统质量控制			任务 16 ～ 任务 18
姓名：	班级：	日期：	项目页

项目导言

　　本项目针对智能制造系统生产与管理，以智能制造系统质量控制为学习目标，以任务驱动为主线，以工作进程为学习路径，对零件加工智能制造系统零件精度检测、零件误差补偿、零件加工工艺优化等相关的学习内容分别进行了任务部署，针对各项学习任务给出了任务要求、学习目标、工作步骤（六步法）、评价方案、学习资料等工作要求和学习指导。

项目任务

　　1. 零件精度检测。

　　2. 零件误差补偿。

　　3. 零件加工工艺优化。

项目学习摘要

任务 16　零件精度检测

项目 5　智能制造系统质量控制		任务 16　零件精度检测	
姓名：	班级：	日期：	任务页 1

学习任务描述

零件精度检测是零件加工智能制造系统中不可或缺的一部分，采用在线测量装置等工具对复杂零件的加工精度进行在线检测。本学习任务要求了解在线检测技术，掌握在线测量装置的安装与应用。

学习目标

（1）了解获得加工精度的途径、检测加工精度的方法。

（2）了解在线测量原理和在线检测技术。

（3）了解无线测头的特点、作用及安装方法。

（4）根据加工零件的情况完成零件在线检测。

（5）了解三坐标测量仪、千分尺等常用测量工具的使用方法。

任务书

对于智能制造系统的零件加工在线测量，请配置在线测量装置，安装无线测头并完成接线，实现数控加工在线测量。在线测量装置如图 16-1 所示。

图 16-1　在线测量装置

项目 5　智能制造系统质量控制		任务 16　零件精度检测	
姓名：	班级：	日期：	任务页 2

任务分组

　　将班级学生分组，可 4 ～ 8 人为一组，轮值安排组长，使每人都有机会锻炼自己的组织协调能力和管理能力。各组任务可以相同或不同，将任务分工列于表 16-1。每人明确自己承担的任务，注意培养独立工作能力和团队协作能力。

表 16-1　学生任务分工表

班级		组号		任务	
组长		学号		指导教师	
组员	学号	任务分工			备注

学习准备

　　1）通过信息查询了解关于零件精度检测的知识和方法，培养一丝不苟的工匠精神。

　　2）通过查阅技术资料和小组讨论了解零件精度检测的设备及工作原理，锻炼团队合作能力。

　　3）在教师指导下，按照工艺要求完成在线检测装置的硬件安装及对中调整操作。

　　4）小组进行施工检查验收，解决硬件安装及对中调整中存在的问题。

项目 5　智能制造系统质量控制		任务 16　零件精度检测	
姓名：	班级：	日期：	信息页

获取信息

? 引导问题 1：自主学习零件精度检测的知识。

? 引导问题 2：查阅资料，了解零件精度检测的方法及工作原理。

? 引导问题 3：查阅资料，了解智能制造系统测头（如东方器度 DRP40）的性能特点。

? 引导问题 4：智能制造系统在线检测系统由哪几部分组成?

? 引导问题 5：查阅资料，了解无线测头安装的步骤和接线方法。

小提示

　　智能制造系统采用在线自动测量装置对数控加工的零件进行自动测量，提高了零件加工的生产效率和成品率。同时，自动测量装置可随数控加工设备的运动而触发，从而具有实时响应、节能性好的优点。

　　在线测量系统是利用测头来确定待测物体位置和尺寸信息的。机床数控系统及时得到检测系统的检测信息，从而发现加工误差，通过改变机床的运动参数，实时修正系统误差和随机误差，保证零件加工质量。测量系统由接触触发式测头、信号传输系统和数据采集系统组成，其中关键部件为测头，直接影响着在线检测的精度。在线测量装置使得数控机床既是加工设备，又兼具精度测量的功能，广泛应用于各类数控机床及智能制造生产线上。

项目 5　智能制造系统质量控制		任务 16　零件精度检测	
姓名：	班级：	日期：	计划页

工作计划

　　按照任务书要求和获取的信息制订零件精度检测工作计划，包括 DRP40 无线测头安装、无线电传输测头接线、数控系统的测量操作。计划需要考虑到绿色环保与节能要素。将零件精度检测工作计划列入表 16-2 中。

表 16-2　零件精度检测工作计划表

步骤	工作内容	负责人
1	DRP40 无线测头安装：	
2	无线电传输测头接线：	
3	KND 数控系统的测量操作：	

项目 5 智能制造系统质量控制		任务 16 零件精度检测	
姓名：	班级：	日期：	决策页

进行决策

对不同组员（或不同组别）的工作计划进行方案的对比、分析、论证，整合完善，形成小组决策，作为工作实施的依据。将计划对比分析列入表 16-3，小组决策方案列入表 16-4。

表 16-3   计划对比分析

组员	计划中的优点	计划中的缺陷	优化方案

表 16-4   小组决策方案

步骤	工作内容	负责人

项目 5　智能制造系统质量控制		任务 16　零件精度检测	
姓名：	班级：	日期：	实施页 1

工作实施

按以下步骤实施智能制造系统零件加工过程的在线测量任务。

1. 无线测头的安装

（1）安装拉钉、刀柄和测针

以东方器度 DRP40 无线测头为例，自上而下安装关系如图 16-2 所示。

（2）调整测针同心度

1）将测头装入机床主轴中，测针的径向最高点需要碰触千分表，并旋转主轴 360° 观察测杆的圆周跳动。

2）通过刀柄上的两个 M5×12 尖头螺钉把测头固定在刀柄配合面，建议使用不大于 2N·m 的扭力。

3）通过测头顶部安装环的 4 个 M5×6 平头螺钉调整测针的径向跳动。调整方法：将摆动最大方向的螺钉松开，同时将对向的螺钉马上锁紧，再次检查跳动值，然后把摆动最大方向的螺钉松开，同时将对向的螺钉马上锁紧……如此循环，直至摆动值小于 0.02mm 。

4）当摆动值小于 0.02mm 时，无须把摆动最大方向的螺钉松开，可以直接把摆动最小方向的螺钉用稍大力锁紧，直至摆动值小于 0.005mm 为止。测量精度要求较高时，建议控制到 0.002mm 以内。

5）把刀柄上面的两个 M5×12 尖头螺钉再次锁紧。再旋转主轴 360° 观察测杆的圆周跳动是否在理想范围以内。

6）对于红宝石球针，千分表须接触到红宝石球体最大直径；对于圆柱平底针，千分表一般对准测针底部上移 1～2mm 的位置。

调整测针同心度如图 16-3 所示。

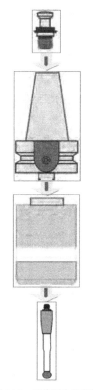

图 16-2　无线测头的安装

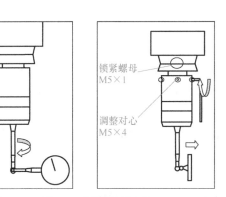

图 16-3　调整测针同心度

项目 5　智能制造系统质量控制		任务 16　零件精度检测	
姓名：	班级：	日期：	实施页 2

（3）测头刀长设定

1）根据加工程序的刀具对刀面选择合适的对刀点。先用手轮的 ×100 档位把测针摇至对刀点上方 5 ～ 10mm 处。

2）使测针慢速向下移动，直到测头的绿灯（或蓝灯）亮起并闪烁，此时须在 5s 内使测针抬起至测头灯熄灭。

3）切换手轮至 ×10 档位，使测针慢速向下移动直到测头的绿灯（或蓝灯）亮起并闪烁，此时须在 5s 内使测针抬起至测头灯熄灭。

4）切换手轮至 ×1 档位，使测针慢速向下移动直到测头的绿灯（或蓝灯）亮起并闪烁，此时须在 5s 内使测针慢速抬起。

? 引导问题 6：测头连接过程中有哪些安全注意事项？

? 引导问题 7：在测头连接过程中，是否遇到了计划中没有考虑到的问题？是如何解决的？

2. 无线电传输测头的接线

无线电传输测头接线如图 16-4 所示，其中，24V 接机床 DC 24V 电源，0V 接机床 DC 0V 电源，SKIP 接机床跳转信号接口，COM 接机床跳转信号 COM 口。

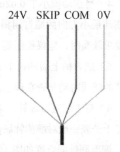

图 16-4　无线电传输测头接线

3. 数控加工工件在线测量

在数控机床上用测头对工件进行测量时，测头是"测量装置"的一部分，它像刀具一样安装在数控机床（数控铣床）主轴上，在测量过程中承担着通过与工件精确接触来确定测量点的坐标，发出指示信号，保证测量结果精确和测量操作方便、迅速、安全、可靠的作用。

（1）测量过程

先把测头安装在机床主轴上，操作者手动控制机床的主轴或工作台移动，使测针前端的测球与工件被测量面（或点）处于精确接触状态，然后通过机床数控系统显示的坐标数据，结合测球的位置和尺寸，计算工件被测量点的坐标数据，再根据不同测量点的数据计算出测量结果。

（2）精确接触

指测针上的测球与工件表面处于恰好接触的状态，即两者已经接触但测针相对测头移动（摆动或缩进）的幅度很小，一般为 0.001 ～ 0.002mm，使得由此产生的测量误差基本可以忽略，根据机床精度不同，误差会有所不同。

为了保证测量精度，每个测量点的坐标值都应该在测球与工件处于精确接触的状态时记录。获得精确接触状态的方法是控制测球与工件表面进行 2 ～ 3 次接触与脱离的微量调节，在此过程中应逐渐减小机床进给倍率，最后在一个机床最小步距内实现接触或脱离。

项目 5 智能制造系统质量控制		任务 16 零件精度检测	
姓名：	班级：	日期：	实施页 3

（3）测量数据

系统通过计算获得测量结果，注意计算中对测球直径数据的处理。

? 引导问题 8：查询资料，了解三坐标测量仪、千分尺等其他常用测量工具的使用方法。

小提示

数控机床操作要领，以 KND 数控系统为例。

1）数控系统面板如图 16-5 所示。

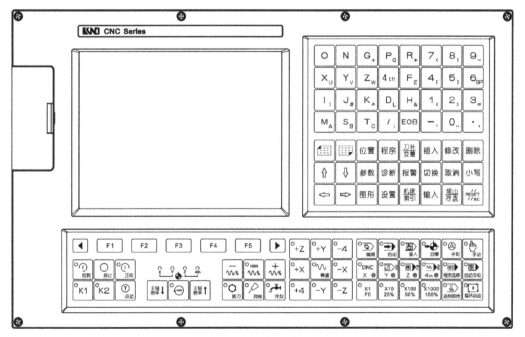

图 16-5 KND 数控系统面板

2）手动返回参考点，如图 16-6 所示。在 CNC 机床上设有特定的机械位置，在此位置可进行换刀和坐标系的设定，把这个位置称为参考点。一般电源接通后，刀具需移到参考点。使用操作面板上的相应键把刀具移动到参考点的操作称为手动返回参考点。

项目 5 智能制造系统质量控制		任务 16 零件精度检测	
姓名：	班级：	日期：	实施页 4

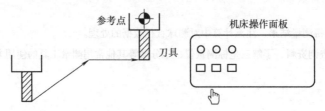

图 16-6   手动操作返回参考点

3）手动操作移动刀具。使用操作面板上的相应键或者手摇脉冲发生器，可以使刀具沿各轴方向移动。

① 手动连续进给。

② 单步进给。

③ 手摇脉冲发生器进给。

4）刀具按程序移动（自动运转）。机床按照编制好的程序运动，称为自动运转。自动运转有存储器运转、MDI 运转和 DNC 运转三种。

5）程序编辑。

① 切换到位置画面或程序画面的程序区。

② 切换到编辑方式或 MDI 方式。

③ 打开程序保护开关。

④ 利用 MDI 键盘的各地址键、数字键和功能键插入、修改、删除程序。

项目 5　智能制造系统质量控制			任务 16　零件精度检测	
姓名：	班级：	日期：		检查页

检查验收

按照验收标准对任务完成情况进行检查验收和评价，包括测头安装与调试、在线测量、系统的操作等。验收标准及评分表见表 16-5，将验收问题及其整改措施、完成时间记录于表 16-6 中。

表 16-5　验收标准及评分表

序号	验收项目	验收标准	分值	教师评分	备注
1	组装无线电测头	安装顺序正确，安装牢固	20		
2	测头的同心度	旋转主轴 360°，测杆的圆周跳动在 0.05mm 以内	20		
3	测头刀长设定	在数控系统刀补界面对应刀号查看长度数据，数据正确	20		
4	安装红外接收器	接线正确，完成标定，在数控系统中能正确显示标定数据	20		
5	在线测量工件	正确操作并识读数据	20		
	合计		100		

表 16-6　验收过程问题记录表

序号	验收问题记录	整改措施	完成时间	备注

项目 5　智能制造系统质量控制		任务 16　零件精度检测	
姓名：	班级：	日期：	评价页

评价反馈

　　各组展示作品，介绍任务的完成过程并提交阐述材料，进行学生自评、学生组内互评、教师评价，完成考核评价表（见表 16-7）。

　　? 引导问题 9：在本次任务完成过程中，你印象最深的是哪件事？

　　? 引导问题 10：你对零件精度检测了解了多少？还想继续学习关于零件精度检测的哪些内容？

表 16-7　考核评价表

评价项目	评价内容	分值	自评 20%	互评 20%	教师评价 60%	合计
职业素养 40 分	安全意识、责任意识、服从意识	10				
	积极参加任务活动，按时完成工作页	10				
	团队合作、交流沟通能力	10				
	劳动纪律	5				
	现场 6S 标准	5				
专业能力 60 分	专业资料检索能力	10				
	制订计划能力	10				
	操作符合规范	15				
	工作效率	10				
	任务验收，质量意识	15				
合计		100				
创新能力 加分 20 分	创新性思维和行动	20				
总计		120				
教师签名：　　　　　　　　　　　　　　学生签名：						

项目 5　智能制造系统质量控制		任务 16　零件精度检测	
姓名：	班级：	日期：	知识页

相关知识点： 在线测量技术介绍，其他测量工具介绍

　　对零件进行加工时，需要完成很多检测工作，包括夹具和零件的装卡、找正，零件编程原点的测定，首件零件的检测，工序间检测及加工完毕检测等。检测技术是智能制造的基础技术之一，是保证产品质量的关键。零件加工正在向高速、精密、智能化方向发展，这就需要与之相适应的高精度、高速度的自动检测设备和先进的检测手段。

一、获得零件加工精度的途径

　　1）高精度机床。
　　2）利用误差补偿技术提高加工精度，抵消、校正误差。

二、加工精度的检测方法及其特点

　　（1）离线检测
　　（2）在位检测
　　（3）在线检测

三、在线测量装置的结构和原理

四、无线电测头的日常维护与保养

五、其他测量工具介绍

　　（1）三坐标测量机
　　（2）千分尺
　　（3）百分表

扫码看知识 16：

在线测量技术介绍，其他测量工具介绍

任务 17　零件误差补偿

项目 5　智能制造系统质量控制		任务 17　零件误差补偿	
姓名：	班级：	日期：	任务页 1

　　零件加工智能制造系统具有生产效率高、产品精度高的优点，其中应用误差补偿方法提高加工精度是智能制造系统必须具备的功能。本学习任务要求了解误差补偿的方法，提出零件误差补偿的方案。

学习目标

　　（1）了解零件误差补偿的知识和误差补偿的基本方法。
　　（2）了解零件误差的来源及种类。
　　（3）了解数控加工中常见的加工误差及产生的原因。
　　（4）制订零件加工误差补偿方案，解决误差补偿问题。

任务书

　　智能制造系统采用数控机床加工零件，数控机床进给传动装置由伺服电动机通过联轴器带动滚珠丝杠转动，由滚珠丝杠螺母将回转运动转换为直线运动。请以数控车床加工零件圆柱外螺纹为例，分析零件误差的类型及产生原因，确定误差补偿方法，解决误差补偿问题。螺纹加工的成形切削运动如图 17-1 所示。

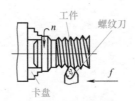

图 17-1　螺纹加工的成形切削运动

项目 5　智能制造系统质量控制	任务 17　零件误差补偿

姓名：	班级：	日期：	任务页 2

任务分组

　　将班级学生分组，可 4～8 人为一组，轮值安排组长，使每人都有机会锻炼自己的组织协调能力和管理能力。各组任务可以相同或不同，将任务分工列入表 17-1。每人明确自己承担的任务，注意培养独立工作能力和团队协作能力。

表 17-1　学生任务分工表

班级		组号		任务		
组长		学号		指导教师		
组员	学号	任务分工				备注

学习准备

　　1）通过信息查询获得关于误差补偿的知识与方法，培养热爱专业、认真专注的职业精神。

　　2）通过查阅技术资料了解误差补偿的过程。

　　3）通过小组合作制订误差补偿方案，设置误差补偿参数，解决误差补偿问题，锻炼团队合作能力。

项目 5　智能制造系统质量控制		任务 17　零件误差补偿	
姓名：	班级：	日期：	信息页

获取信息

？引导问题 1：自主学习零件误差补偿的基础知识。

？引导问题 2：查阅资料，了解零件误差补偿的基本方法。

？引导问题 3：查阅资料，了解机床加工的误差源与误差补偿方法。

？引导问题 4：查阅资料，了解数控加工中的刀具补偿概念和刀具补偿方法。

？引导问题 5：以螺纹加工为例，分析可能产生的加工误差。

？引导问题 6：加工产生的螺纹牙型角误差的影响因素有哪些？牙型角误差应如何补偿？

？引导问题 7：加工产生的螺纹螺距误差的影响因素有哪些？螺距误差应如何补偿？

？引导问题 8：加工产生的螺纹中径误差的影响因素有哪些？中径误差应如何补偿？

？引导问题 9：按照什么原则修改数控加工螺距 F 值？

小提示

　　在零件加工中加工误差是不可避免的。误差补偿的概念是人为地给出一种新的差值去抵消原始误差，并尽量使两者大小相等，方向相反，从而达到减少加工误差、提高加工精度的目的。误差补偿是数控机床程序设计的重要内容，通过误差补偿措施，可以降低单纯对设备的高精度要求，更加科学、合理、经济地解决误差问题，能提高零件加工精度。

项目 5　智能制造系统质量控制		任务 17　零件误差补偿	
姓名:	班级:	日期:	计划页

工作计划

　　按照任务书要求和获取的信息制订零件误差补偿的工作计划,列入表 17-2,分析各种误差形成的原因并给出补偿方案,列入表 17-3。

表 17-2　零件误差补偿工作计划

步骤	工作内容	负责人

表 17-3　误差形成原因及补偿方案

步骤	工作内容	负责人

项目 5　智能制造系统质量控制		任务 17　零件误差补偿	
姓名：	班级：	日期：	决策页

进行决策

　　对不同组员（或不同组别）的工作计划进行集成方案的对比、分析、论证，整合完善，形成小组决策，作为工作实施的依据。将计划对比分析列入表 17-4，小组决策方案列入表 17-5。

表 17-4　计划对比分析

组员	计划中的优点	计划中的缺陷	优化方案

表 17-5　零件误差补偿决策方案

步骤	工作内容	负责人

项目 5　智能制造系统质量控制		任务 17　零件误差补偿	
姓名：	班级：	日期：	实施页 1

工作实施

按以下步骤分析并实施零件加工误差补偿。

以螺纹成型加工误差为例进行分析。

1. 分析螺纹加工的误差种类及原因

（1）螺距误差

根据螺距偏差与中径的关系，当螺纹牙型角为 60° 时，螺距偏差的直径当量为 $1.732\Delta p$（Δp 是任意两牙之间的螺距偏差），不管螺距偏差是正或是负，该直径当量对外螺纹总是使中径增大，对内螺纹总是使中径减小。螺纹加工时产生螺距误差的原因主要为进给传动误差和传动累积误差，主要如下：

1）数控车床系统故障，主轴旋转与刀具轴向移动匹配不当产生螺距误差。

2）车床主轴回转误差，主轴轴向窜动对螺距精度的影响很大。

3）数控车床丝杠误差，丝杠制造精度不足、丝杠磨损、联轴器松动，使丝杠轴向窜动产生螺距误差。

（2）牙型角误差

普通外螺纹的牙型角为 60°，若螺纹加工后的牙型角实际测量值与此产生偏差，则说明出现了牙型角误差。数控车床加工螺纹时产生牙型角误差的原因主要有以下几点：

1）车刀形状尺寸的误差。包含车刀的制造公差、车刀复磨和磨损后产生的误差。要求使用刀尖角等于牙型角的车刀，螺纹车刀的刃磨要正确，磨损后产生的牙型角误差根据加工方法不同会有所不同。

2）车刀的安装误差。车刀是安装在专用刀架上的，刀具安装不紧固、刀杆找正位置不准确、切削力使刀片位置变化等因素，都会造成牙型角误差增大。要求刀具安装的刀要与工件旋转中心等高，刀尖角的等分线与工件轴线垂直。

3）工件的装夹误差和加工方法误差。主要影响螺纹的牙型形状，如造成牙型局部未车完整、横截面圆度误差大等。

（3）螺纹中径误差

螺纹中径尺寸是通过多次进刀的总吃刀量来控制，总吃刀量一般根据螺纹牙型高度来确定（普通螺纹牙高 $h=0.54p$），分几次加工时，每车一刀都要进行测量。如螺纹精度要求不高或单件加工且没有实时测量时，也可用与其配合的零件进行检验。造成中径误差的主要原因如下：

1）吃刀量太大，局部撕拉，变形造成误差。

2）刀刃磨损，造成螺纹中径与加工计算值不符。

2. 分析数控车床传动机构对零件加工误差的影响

数控车床传动机构由伺服电动机、联轴器、齿轮副、滚珠丝杠、轴承、刀架及主轴等运动部件组成，由数控系统加工程序驱动，其中各环节都可能对零件加工误差产生影响，主要有以下几种情况。

1）数控车床伺服电动机轴与丝杠之间的连接松动，致使丝杠与电动机不同步，误差现象为零件加工尺寸单向误差。需要将联轴器螺钉均匀紧固以消除误差。

2）齿轮精度和安装偏差，误差将逐级积累到加工零件上，此时需要更换或重新安装齿轮机构，减少安装后的径向圆跳动和轴向窜动。

项目5　智能制造系统质量控制			任务17　零件误差补偿	
姓名：	班级：		日期：	实施页2

3）滚珠丝杠与螺母间隙不合理或间隙补偿量不当，使刀架运动阻力增加或出现行程失步，出现零件加工尺寸误差，需要调整间隙或改变间隙补偿值来减小或补偿误差。

4）滚动轴承磨损或调整不当、机床导轨表面润滑不良或调整不当，即由于运动准确度和平稳性变差，产生加工误差。需要对应处理以解决问题。

5）车床主轴安装夹具和工件，工作时承受扭矩和弯矩，其刚性、抗振性、回转精度对零件加工精度有很大的影响。

3. 制订零件误差补偿方案

（1）螺距误差的补偿

螺距的误差是某段加工螺距测量值和螺距理想值的比较量。螺距误差可以通过修改数控加工程序中的螺距参数 F 进行补偿。例如，如果螺纹加工程序指定 F（螺距理想值）为 4mm，若加工中实际测量的螺距是 3.95mm，即误差值为 0.05mm，产生此误差值的原因主要是由机床本身的误差引起的，可以在下一次切削中重新赋值，即 F=4mm+0.05mm=4.05mm。

（2）牙型角误差的补偿

当螺纹牙型角出现误差时，若刀具形状、尺寸及安装没有问题，则考虑用刀具补偿的办法来解决。刀具补偿分为刀具长度补偿和刀具半径补偿两种。在同一程序中，使用同一把刀具，可通过设置不同大小的刀具补偿值来获得所需的每刀切削余量，以实现减小误差的精加工。

数控车床中刀具长度补偿的指令是 G43(刀具长度正补偿)、G44（刀具长度负补偿)。每一个刀具补偿号对应刀具位置补偿 X、Z 值和刀具圆弧半径补偿 R、T 值，共 4 个刀补参数，将刀具补偿参数在加工之前输入到对应的数控系统存储器，在数控加工程序自动执行过程中，各步的 X、Z、R、T 值被调用，自动修正刀具位置误差。

（3）螺纹中径误差的补偿

经在线检测和运算得到的中径值即为实际螺纹加工的中径值，与理想中径值比较，可计算出误差值。如果实际加工中径参数比理想值小，则可在加工程序中修改并调用 X 刀补值，加大背吃刀量，或者通过增加切削螺纹的进给次数来弥补相应的误差值。如果实际测得差值比理想值大，则说明此零件不符合要求，在加工同样的下一个零件时，要将进给次数减少或者减小背吃刀量来弥补误差。

? 引导问题 10：请尝试对生产现场零件加工误差进行分析并提出误差补偿方案。

项目 5　智能制造系统质量控制		任务 17　零件误差补偿	
姓名：	班级：	日期：	检查页

检查验收

　按照验收标准对任务完成情况进行检查验收和评价。验收标准及评分表见表 17-6，将验收问题及其整改措施、完成时间记录于表 17-7 中。

表 17-6　验收标准及评分表

序号	验收项目	验收标准	分值	教师评分	备注
1	螺距误差分析与补偿	分析合理，方案可行	25		
2	牙型角误差分析与补偿	分析合理，方案可行	25		
3	螺纹中径误差分析与补偿	分析合理，方案可行	25		
4	现场零件误差分析与补偿	分析合理，方案可行	25		
合计			100		

表 17-7　验收过程问题记录表

序号	验收问题记录	整改措施	完成时间	备注

项目 5 智能制造系统质量控制		任务 17 零件误差补偿		
姓名：	班级：	日期：		评价页

评价反馈

各组展示、介绍任务的完成过程并提交阐述材料，进行学生自评、学生组内互评、教师评价，完成考核评价表（见表 17-8）。

? 引导问题 11：在本次任务完成过程中，你印象最深的是哪件事？

? 引导问题 12：你对零件误差补偿了解了多少？还想继续学习关于零件误差补偿的哪些内容？

表 17-8   考核评价表

评价项目	评价内容	分值	自评 20%	互评 20%	教师评价 60%	合计
职业素养 40 分	安全意识、责任意识、服从意识	10				
	积极参加任务活动，按时完成工作页	10				
	团队合作、交流沟通能力	10				
	劳动纪律	5				
	现场 6S 标准	5				
专业能力 60 分	专业资料检索能力	10				
	制订计划能力	10				
	操作符合规范	15				
	工作效率	10				
	任务验收，质量意识	15				
合计		100				
创新能力 加分 20 分	创新性思维和行动	20				
总计		120				

教师签名：   学生签名：

项目 5　智能制造系统质量控制		任务 17　零件误差补偿	
姓名：	班级：	日期：	知识页

相关知识点： 误差补偿相关知识

一、误差补偿的概念

误差补偿是对在机械加工过程中产生的误差采取修正、抵消、均匀化、钝化、分离的措施，以减小或消除误差，使加工零件在尺寸、形状、位置相差程度上得到一定的补足。

二、误差补偿的方法

（1）实时与非实时误差补偿

（2）软件与硬件误差补偿

（3）单项与综合误差补偿

（4）单维与多维误差补偿

三、误差补偿系统的组成

1）误差信号的检测：检测误差出现的状态、数值、方向、规律，确定误差项目、误差产生的原因。误差信号检测是误差补偿的前提和基础。

2）误差信号的处理：去除干扰信号，分离不需要的误差信号。

3）误差信号的建模：找出工件加工误差与在补偿作用点上补偿控制量之间的关系，并建立数学模型。

4）补偿控制：根据所建立的误差模型和实际加工过程，用计算机计算欲补偿的误差值，输出补偿控制量。

5）补偿执行机构：补偿执行机构多采用微进给机构。

四、加工零件的误差补偿

（1）螺距误差的补偿

（2）牙型角误差的补偿

（3）中径的补偿

扫码看知识 17：

误差补偿相关知识

任务 18　零件加工工艺优化

项目 5　智能制造系统质量控制		任务 18　零件加工工艺优化	
姓名：	班级：	日期：	任务页 1

学习任务描述

　　零件加工是智能制造系统应用较多的领域，本学习任务要求了解机械加工工艺方法，制订典型零件的加工工艺方案，通过优化来提高零件加工精度和智能制造系统的生产效率。

学习目标

　　（1）了解机械加工工艺的概念和常见方法。
　　（2）了解工序的基本组成与工作内容。
　　（3）根据零件加工条件和质量要求制订典型零件加工工艺方案。
　　（4）对零件加工工艺进行优化整改。

任务书

　　采用智能制造系统加工活塞零件（见图 18-1），该零件材料为铝合金，要求加工其端面 21mm×21mm×5mm。的内方。请制订零件加工工艺方案，并从零件精度和系统生产效率方面提出工艺优化思路。

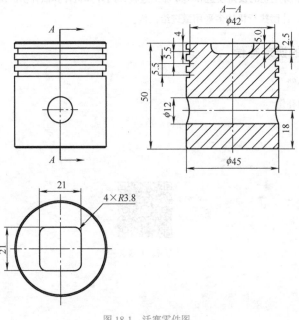

图 18-1　活塞零件图

项目 5　智能制造系统质量控制			任务 18　零件加工工艺优化	
姓名：	班级：		日期：	任务页 2

任务分组

将班级学生分组，可 4～8 人为一组，轮值安排组长，使每人都有机会锻炼自己的组织协调能力和管理能力。各组任务可以相同或不同，任务分工见表 18-1。每人明确自己承担的任务，注意培养独立工作能力和团队协作能力。

表 18-1　学生任务分工表

班级		组号		任务		
组长		学号		指导教师		
组员	学号	任务分工				备注

学习准备

1）通过信息查询了解机械加工行业在国家 GDP 中的比重，获得关于零件加工工艺的知识。

2）通过查阅技术资料了解零件加工工艺的流程，了解相关领域的前沿技术和重要应用，思考工程与环境和可持续发展之间的关系。

3）通过小组团队合作制订零件加工工艺方案，培养团队协作精神。

4）在教师指导下，小组进行零件加工工艺方案的优化改进，培养精益求精的工匠精神。

项目5　智能制造系统质量控制		任务18　零件加工工艺优化	
姓名：	班级：	日期：	信息页

获取信息

? 引导问题1：自主学习零件加工工艺知识。

? 引导问题2：查阅资料，了解零件加工工艺分析过程。

? 引导问题3：工艺过程的定义是_____，而且每个工艺过程又包括若干道工序，每个工序又分为_____、_____、_____及走刀四部分。

? 引导问题4：工序中各部分的关系是什么？

? 引导问题5：分析各种生产类型的工艺特点及要求。

小提示

机械加工的工艺流程就是对零件进行加工的操作步骤。根据企业设备等条件对零件加工过程中制订详细的加工标准和加工要求。加工工艺直接影响加工零件的精度和生产效率。

零件加工会受到机械系统自身精度标准、操作精细度及机械定位情况等多因素的影响，机械在使用中也会出现位置和形状的轻微变形，使所生产的零件存在加工误差。机械加工工艺的优化能够提高零件精度，使加工零件符合精度标准。机械加工工艺的优化还应考虑低碳环保、节省能源，满足绿色发展的生态环保要求。

由于加工零件的形状和尺寸要求不是由一种加工方法、一次加工就能达到的，因此在确订零件加工工艺过程中，选择加工方法时，应首先确定主要表面的最后加工方法，在选择好主要表面的加工方法后，再选定次要表面的加工方法，然后再确定其他一系列工序的加工方法，由粗到精逐步达到要求。在各表面的加工方法初步选定后，还应考虑各方面工艺因素的影响，如几个同轴度要求很高的外圆或孔，应安排在同一工序、一次装夹中加工等。

项目 5 智能制造系统质量控制		任务 18 零件加工工艺优化	
姓名：	班级：	日期：	计划页

工作计划

按照任务书要求和获取的信息，制订典型零件加工工艺方案与优化的工作计划，计划应考虑到安全、绿色与环保要素。将工作计划列入表 18-2 中。

表 18-2   零件加工工艺方案与优化工作计划

步骤	工作内容	负责人

项目 5　智能制造系统质量控制		任务 18　零件加工工艺优化		
姓名：	班级：	日期：		决策页

进行决策

　　对不同组员（或不同组别）的工作方案进行对比、分析、论证，整合完善，形成小组决策，作为工作实施的依据。将计划对比分析列入表 18-3，小组决策方案列入表 18-4。

表 18-3　计划对比分析

组员	计划中的优点	计划中的缺陷	优化方案

表 18-4　零件加工工艺优化决策方案

步骤	工作内容	负责人

项目 5　智能制造系统质量控制	任务 18　零件加工工艺优化		
姓名：	班级：	日期：	实施页 1

工作实施

根据任务书要求和制订的工作方案，按以下步骤对零件进行加工工艺设计，并分析工艺优化方案。

1. 分析零件结构及技术要求

活塞是在高温、高压、高腐蚀条件下进行连续变负荷运动，必须由相对应的结构来满足这一特定工作条件，主要由头部、裙部和顶部三部分组成。活塞零件图参见图 18-1。

零件加工项目为活塞端部 21mm×21mm×5mm 的内方，4 个内侧面之间为 $R3.8$ 圆角，尺寸精度要求较高。

2. 制定零件加工工艺方案及夹具工装

? 引导问题 6：请根据任务要求拟定零件加工工艺路线。

? 引导问题 7：请说明零件加工定位基准的选择原则及确定方案。

小提示

制订生产工艺路线，应使零件的几何形状、尺寸精度及位置精度等技术要求得到合理的保证。活塞加工工序应满足先粗后精、先基准后其他的原则。加工定位基准的确定原则：以设计基准作为定位基准，基准统一；选择工件上尺寸较大、精度较高的表面作为定位基准，使定位稳固可靠；定位基准应便于工件装夹、加工、测量。本任务可参考：

1）加工工艺路线：粗铣和精铣两道工序，选择可自动换刀的加工中心铣削。

2）设备工装：机床上采用立式气动三爪卡盘装夹零件。

3. 确定加工工序及刀具

? 引导问题 8：请根据拟定的加工工艺路线确定加工工序。

小提示

确定加工工序及刀具，本任务可参考：

1）粗铣内方：侧面留精加工余量 0.3mm，采用 $\phi8$ 立铣刀。

2）精铣内轮廓：侧面精铣采用 $\phi6$ 立铣刀。

3）在线测量：实测工件尺寸，调整刀具参数，按图样尺寸精铣。

4. 数控加工工序卡

? 引导问题 9：根据零件加工工艺分析，填写零件数控加工工序卡，列入表 18-5 中。

项目 5　智能制造系统质量控制			任务 18　零件加工工艺优化		
姓名：		班级：	日期：		实施页 2

表 18-5　活塞端面数控加工工序卡

数控加工工序卡片		工序号		工序内容	
		零件名称	零件图号	材料	夹具名称	加工设备
工步号	工步内容	刀具号	刀具规格	主轴转速 /(r/min)	进给速度 /(mm/min)	背吃刀量 /mm	备注
编制		审核		批准		第　页	共　页

小提示

数控加工工序卡，本任务可参见表 18-6。

表 18-6　活塞端面数控加工工序卡

数控加工工序卡片		工序号	01	工序内容		铣削活塞端面内方	
		零件名称	零件图号	材料	夹具名称		加工设备
		活塞	5-1	铝	三爪卡盘		加工中心
工步号	工步内容	刀具号	刀具规格	主轴转速 /(r/min)	进给速度 /(mm/min)	背吃刀量 /mm	备注
1	粗铣	T01	ϕ8 立铣刀	3000	500	3.50	
2	精铣	T02	ϕ6 立铣刀	3300	200	0.06	
3	在线测量	T03	测量刀头	主轴定向			
编制		审核		批准		第　页	共　页

? 引导问题 10：请画出零件加工的工艺流程框图。

? 引导问题 11：按照提高零件精度和生产效率的要求，试列出零件加工工艺流程各环节的优化方案。

项目 5　智能制造系统质量控制		任务 18　零件加工工艺优化	
姓名：	班级：	日期：	检查页

检查验收

按照验收标准对任务完成情况，进行检查验收和评价。验收标准及评分表见表 18-7，将验收过程中出现的问题记录于表 18-8 中。

表 18-7　验收标准及评分表

序号	验收项目	验收标准	分值	教师评分	备注
1	零件结构分析	完整、合理	10		
2	加工工艺制订	合理、可行	20		
3	刀具、夹具选择	合理、可行	10		
4	加工工序确定	项目齐全、参数合理、可行	20		
5	加工工序卡	填写规范、正确、信息完整	20		
6	优化方案	完整、丰富、合理	20		
合计			100		

表 18-8　验收过程问题记录表

序号	验收问题记录	整改措施	完成时间	备注

项目5　智能制造系统质量控制		任务 18　零件加工工艺优化	
姓名：	班级：	日期：	评价页

评价反馈

　　各组展示作品，介绍任务的完成过程并提交阐述材料，进行学生自评、学生组内互评、教师评价，完成考核评价表（见表 18-9）。

　　? 引导问题 12：在本次任务完成过程中，你印象最深的是哪件事？

　　? 引导问题 13：你对零件加工工艺及其优化掌握了哪些内容？还想继续学习关于工艺优化的哪些内容？

表 18-9　考核评价表

评价项目	评价内容	分值	自评 20%	互评 20%	教师评价 60%	合计
职业素养 40分	爱岗敬业、安全意识、责任意识、服从意识	10				
	积极参加任务活动，按时完成工作页	10				
	团队合作、交流沟通能力、集体主义精神	10				
	劳动纪律，职业道德	5				
	现场 6S 标准，行为规范	5				
专业能力 60分	专业资料检索能力，中外品牌分析能力	10				
	制订计划能力，严谨认真	10				
	操作符合规范，精益求精	15				
	工作效率，分工协作	10				
	任务验收，质量意识	15				
合计		100				
创新能力 加分20分	创新性思维和行动	20				
总计		120				
教师签名：		学生签名：				

项目 5　智能制造系统质量控制		任务 18　零件加工工艺优化	
姓名：	班级：	日期：	知识页

相关知识点：零件加工工艺制定与优化方案

机械加工工艺流程是指工件或零件制造加工的步骤，是利用机械加工的方法对毛坯件进行更改，包括对形状和尺寸的更改等。机械加工工艺流程主要是从粗加工到精加工，检验合格的零件才能进入装配工序。

一、机械加工工艺流程的基本概念

在生产过程中，直接改变原材料（或毛坯件）的外形、尺寸和性能，使之变为成品件的过程称为工艺流程。工艺流程又包括若干道工序，工序是工艺流程的基本组成部分，是生产计划的基本单元，是指在一个工作地点对一个或一组工件连续完成的那部分工艺流程。每个工序又分为安装、工步、工位、走刀四部分。

二、生产类型及其工艺特点

三、选择加工方法时应考虑的问题

四、制定工艺规程的步骤

根据零件每个加工表面（特别是主要表面）的技术要求，选择较合理的加工方案（或方法）。在确定加工方案（或方法）时，除了表面的技术要求外，还要考虑零件的生产类型、材料性能及本单位现有的加工条件等。将工艺规程的内容写入一定格式的卡片，称为工艺文件。

五、机械加工工艺优化的方法

1. 机械加工技术的优化

2. 机械加工工艺的优化

3. 机械加工精度的优化

4. 机械加工效率的优化

扫码看知识 18：

零件加工工艺制定与优化方案

项目 6

智能制造系统维护管理

项目 6　智能制造系统维护管理		任务 19 ～ 任务 22	
姓名：	班级：	日期：	项目页

项目导言

　　本项目针对智能制造系统生产与管理，以智能制造系统维护管理为学习目标，以任务驱动为主线，以工作进程为学习路径，对智能制造系统维保手册编制、系统网络通信故障排查与维修、系统运行与维护、系统各工作单元、MES 服务器日常管理等相关学习内容分别进行了任务部署，针对各项学习任务给出了任务要求、学习目标、工作步骤（六步法）、评价方案、学习资料等工作要求和学习指导。

项目任务

　　1. 智能制造系统维保手册编制。

　　2. 智能制造系统网络通信故障排查与维修。

　　3. 智能制造系统运行与维护。

　　4. 智能制造系统各工作单元、MES 服务器日常管理。

项目学习摘要

任务 19　智能制造系统维保手册编制

项目 6　智能制造系统维护管理		任务 19　智能制造系统维保手册编制	
姓名：	班级：	日期：	任务页 1

学习任务描述

　　智能制造已成为全球制造业的发展趋势，所有智能制造系统或设备都必须配有系统或设备的使用、维护手册，使维护人员更加清晰地了解系统，清楚系统的整体架构，掌握系统维护的基本操作方法及突发事件的应对策略，深入了解各项配置信息及参数，为系统及网络的稳定运行做好准备。本学习任务要求了解智能制造系统维护保养的内容和要求，掌握编制智能制造系统维保手册的方法。

学习目标

　　（1）了解编写系统维保手册的目的。
　　（2）了解编写系统维保手册的主要内容和编写注意事项。
　　（3）编写系统中工业机器人单元、数控加工单元等典型工作单元的维保手册。
　　（4）查找所编写的手册问题，进行优化改进。

任务书

　　以零件加工智能制造系统工作为例，了解设备维护保养手册的编写目的、编制规范、编制要求及手册构成，编写系统技术文件的目录与设备概述，并从中自选一个主要设备，完成设备组成及功能描述。智能制造系统手册样例如图 19-1 所示。

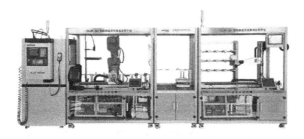

设备效果图

　　智能制造已经成为全球制造业发展趋势，是新一轮工业革命的核心。目前以智能制造装备运动轨迹与生产制造工艺有机结合为特征的切削加工领域"智能制造单元"技术在机械行业得到广泛应用，在推进智能制造中担当着"先行者"。

　　DLIM-441 智能制造系统集成应用平台采用离散型制造的典型模式——机械切削加工领域"智能制造"单元，结合数控加工中心、工业机器人、智能传感与控制装备、视觉检测装备、AGV 智能物流、智能仓储装备等以智能制造关键技术装备进行的设备研发，展示了自动化、数字化、网络化、集成化、智能化的功能和思想。涉及智能控制技术、数控技术、工业机器人技术、气动技术、传感器技术、机电一体化技术、工业工程技术、软件技术、自动化技术以及在线测量技术等领域的知识和技能。

图 19-1　智能制造系统手册样例

项目6 智能制造系统维护管理			任务 19 智能制造系统维保手册编制	
姓名：		班级：	日期：	任务页 2

任务分组

将班级学生分组，可 4～8 人为一组，轮值安排组长，使每人都有机会锻炼自己的组织协调能力和管理能力。各组任务可以相同或不同，将任务分工列入表 19-1。每人明确自己承担的任务，注意培养独立工作能力和团队协作能力。

表 19-1   学生任务分工表

班级		组号		任务	
组长		学号		指导教师	
组员	学号	任务分工			备注

学习准备

1）通过信息查询，获得关于智能制造系统维保手册编制的系统知识，包括知名品牌、产品性能、应用领域、技术特点、发展规模。

2）通过查阅技术资料，了解智能制造系统维保手册的编制要求，认识到对系统及装备的正确说明会使人正确、安全、有效地使用生产系统，培养社会责任感和道德心，树立"诚信第一"的做人准则。

3）通过小组团队协作，共同制定智能制造系统维保手册的目录，培养团队协作精神。

4）在教师指导下按照编制说明完成一个自选主要设备，对设备组成及功能进行描述，培养严谨、认真的职业素养与精益求精的工匠精神。

5）小组进行检查验收，解决智能制造系统维保手册（部分）编制中存在的问题，注重过程性评价，注重安全、节约、环保意识的养成，注重综合素养的培养和提升。

项目 6　智能制造系统维护管理		任务 19　智能制造系统维保手册编制	
姓名：	班级：	日期：	信息页 1

获取信息

?引导问题 1：查阅资料，了解系统维保手册的编制目的、主要内容和基本要求。

?引导问题 2：自主学习系统维保手册的编制规范。

?引导问题 3：思考并撰写设备手册的目录。

?引导问题 4：思考并撰写设备工作流程。

?引导问题 5：系统技术手册中一般按什么顺序介绍设备功能？

?引导问题 6：观察图 19-2，说明什么是安全注意事项与应急处理。

危险 [Danger]
"高压危险"标志，有高压触电危险，如不按指示操作，可能造成严重伤害甚至死亡。

警告 [Warning]
表示有潜在危险，如不按指示操作可能造成严重伤害甚至死亡。

注意 [Caution]
表示有不可预知的潜在危险，如不按指示操作，可能会造成轻度伤害或产品出现损坏现象。

注释 [Note]
有用的信息及内容的附加说明

图 19-2　安全注意事项的图例

小提示

系统维保手册编制注意事项：

系统维保手册应对涉及安全方面的内容给出安全警告。安全警告的内容应用较大的字号或不同的字体表示，采用特殊符号或颜色来强调。系统维保手册应明确给出产品用途和适用范围，并根据产品的特点和需要给出主要结构、性能、型式、规格和正确吊运、安装、使用、操作、维修、保养等的方法，以及保护操作者和产品的安全措施。具有几种不同功能产品的系统维保手册，应先介绍产品的基本或常用功能，再介绍其他方面的功能。系统维保手册应尽可能覆盖用户可能遇到的问题，并提供预防和解决的办法。应使用简明的标题和标注，以帮助用户快速找到所需内容。以系统为单位进行编写，可根据手册应用的迫切性，有重点、分阶段地完成。

项目 6　智能制造系统维护管理			任务 19　智能制造系统维保手册编制	
姓名：	班级：	日期：		信息页 2

?引导问题 7：请根据图 19-3 所示系统生产流程编写出系统概述。

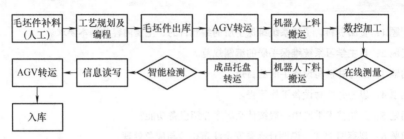

图 19-3　系统生产流程

?引导问题 8：请根据图 19-3 分析智能制造系统的主要优点。

?引导问题 9：若编写操作说明章节，请对下列各工作项目名称进行排序：机械组装、调试指导、安装注意事项、气路连接、设备运行顺序、常见问题和处理方法、系统中换向阀和电磁阀的分类及动作原理、网络连接。

?引导问题 10：参照图 19-4 所示系统维保手册样例，简略写出其中 3.3 和 3.4 两节的编写提纲。

图 19-4　系统维保手册样例

?引导问题 11：机器人单元的使用说明通常是对机器人说明书进行简化而来的，撰写使用说明的注意事项有哪些？

?引导问题 12：撰写一个任选装置的简单使用说明书。

?引导问题 13：分析六轴工业机器人基础实训项目，并写出基础实训的目录。

小提示

产品说明书也称为用户手册，一般由生产单位编写，印成册子、单页，随产品发出。它向用户介绍产品的功能、结构、操作、保养及维修的方法，是一种指导用户使用产品的文件。一本好的产品说明书应表达准确，简洁易懂，能帮助用户正确使用、保养产品，有效地发挥产品的使用价值。

项目 6　智能制造系统维护管理		任务 19　智能制造系统维保手册编制	
姓名：	班级：	日期：	计划页

工作计划

　　按照任务书要求和获取的信息，以 DLIM-441 智能制造系统平台为例，制订系统维保手册的编制方案，包括系统整体说明、每个单元的介绍、操作说明、维护说明等。先制定目录，再编制其中一个部分的操作与维护说明。方案需要考虑到严谨、易读与可执行。将编制工作计划列入表 19-2。

表 19-2　智能制造系统维保手册（部分）编制工作计划

步骤	工作内容	负责人

小提示

　　产品说明书的设计是产品设计活动的组成部分。掌握一种产品的使用方法最直接的办法就是阅读产品说明书，使用者通过产品说明书可以了解产品的性能，产品的使用、维护和保养的方法，按产品说明书的指导一步步地去操作。产品设计者应该以适用、负责、诚信的态度编写产品说明书。

　　产品说明书的一般结构：标题、正文、标记。产品说明书的主要形式有条款直述式、自问自答式、图示式。产品说明书的主要特点：

　　1）说明性。对产品进行介绍说明，这是其主要功能。

　　2）实事求是性。必须客观、准确反映产品。

　　3）指导性。包含指导消费者使用和维修产品的知识。

　　4）形式多样性。表达形式可以为文字式，也可以配图。

　　站在产品设计者和使用者的角度来看待技术产品的使用和维护问题，分组编写，在完成编制技术产品使用和维护手册的过程中，通过了解有关产品使用说明书或用户手册的作用和一般结构，掌握编写简单产品说明书和用户手册的方法，提高技术分析和手册编撰能力。

项目 6　智能制造系统维护管理		任务 19　智能制造系统维保手册编制	
姓名：	班级：	日期：	决策页

进行决策

对不同组员的工作计划进行方案的对比、分析、论证，整合完善，形成小组决策，作为工作实施的依据。将计划对比分析列入表 19-3，小组决策方案列入表 19-4。

表 19-3　计划对比分析

组员	计划中的优点	计划中的缺陷	优化方案

表 19-4　智能制造系统维保手册（部分）编制工作方案

步骤	工作内容	负责人

项目6　智能制造系统维护管理		任务19　智能制造系统维保手册编制	
姓名：	班级：	日期：	实施页1

工作实施

按以下步骤编制智能制造系统维护保养手册（部分）。

（1）分析智能制造系统主要工作流程

以DLIM-441零件加工智能制造系统为例，该系统主要用于零件的加工、运输、仓储工作，包括智能仓储单元、智能物流单元、工业机器人单元和数控加工单元。主要生产流程：毛坯件补料→工艺规划及编程→毛坯件出库→AGV转运→机器人上料搬运→数控加工→在线测量→机器人下料搬运→成品件托盘转运→智能检测→信息读写→AGV转运→入库。

（2）编制引言

由重要提示、手册编制目的、手册使用者或对象组成系统维保手册的引言，重要提示主要列出业务的边界，法律上的声明，文档的版权保护、安全注意事项等内容。

（3）编制目录

将引言、系统软硬件说明、每个单元的介绍、操作说明、维护说明等几大项编制为手册目录，样例如图19-5所示。

1 引言……1
1.1 编写目的……1
1.2 背景……1
1.3 定义……1
1.4 参考资料……1
2 软件概述……1
2.1 软件的结构……1
2.2 程序表……2
2.3 文卷表……2

图19-5　系统维保手册目录样例

（4）撰写工业机器人单元的概述与功能说明

编写工业机器人单元手册，应包括工业机器人各部分，即机器人台体、机器人本体、机器人快换夹具、信息读写台及电气控制系统等基本组成部件和各部件的功能、相互逻辑关系、性能数据和部件内部的工作原理。

（5）撰写工业机器人单元的技术参数

1) 自由度，机器人具有的独立坐标轴运动的数目。机器人的自由度是指确定机器人手部在空间的位置和姿态时所需要的独立运动参数的数目，手指的开、合以及手指关节的自由度一般不包括在内。机器人的自由度数通常等于关节数目，一般不超过6个。

2) 关节即运动副，允许机器人手臂各零件之间发生相对运动的机构。

3) 工作速度，机器人在工作载荷条件下匀速运动过程中，机械接口中心或工具中心点在单位时间内所移动的距离或转动的角度。

4) 工作载荷，指机器人在工作范围内任何位置上所能承受的最大负载，一般用质量、力矩、惯性矩

项目 6　智能制造系统维护管理		任务 19　智能制造系统维保手册编制	
姓名：	班级：	日期：	实施页 2

表示，还和运行速度和加速度大小、方向有关，一般以高速运行时所能抓取的工件重量作为承载能力指标。

5）工作电压、电流等参数，机器人工作所需的电源配置。

6）设备尺寸，工业机器人单元所占几何空间的长、宽、高尺寸。

（6）撰写一个工序的简要操作流程

编写工序时要注意，标准工艺和操作应当源于任务中的通用工艺和操作，包括但不限于：结构紧固件的标识、拧紧力矩；各类结构、部件静电接地的检查、安装、清洁；各类管路的标识、安装、固定、检查的程序；部件的检查和安装；各类紧固件、连接件的保险；各类电气电子设备、线路、开关的清洁、检查；典型结构表面的检查、打磨、处理。每项工艺或操作的具体实施程序和标准，所涉及的工具设备、航材、材料等必要信息。

（7）撰写数控机床单元的日保养说明

数控机床单元的日保养说明见表 19-5。

表 19-5　数控机床单元的日保养说明样例

序号	周期	检查部位	检查内容和要求
1	每天	导轨润滑油箱	检查油标、油量，及时添加润滑油，润滑泵能及时起动打油及停止
2	每天	X、Y、Z 轴向导轨面	清除切屑及脏物，检查润滑油是否充足，导轨面有无划伤损坏
3	每天	压缩空气源	检查气动控制系统压力，应在正常范围
4	每天	气源自动分水滤水器，自动空气干燥器	清理分水器中滤出的水分，保证自动空气干燥器正常工作
5	每天	气动转换器和增压器油面	发现油面不够时及时补足油液
6	每天	主轴润滑恒温油箱	工作正常，油量充足，工作范围合适
7	每天	液压平衡系统	平衡压力指示正常，快速移动时平衡阀工作正常。
8	每天	机床液压系统	油箱、油泵无异常噪声，压力表指示正常，管路及各接头无泄漏，工作油面高度正常
9	每天	电气柜各散热通风装置	各电气柜冷却风扇工作正常，风道过滤网无堵塞
10	每天	CNC 输入 / 输出装置	检查 I/O 设备清洁，机械结构润滑良好等
11	每天	各种防护装置	导轨、机床防护罩等应无松动、无漏水

（8）撰写一个常见问题与解决方法的说明

常见问题与解决方法样例参见表 19-6。

表 19-6　常见问题与解决方法样例

症状	解决方法
电动机不能操作	检查电源开关 检查电动机的电气连接部分，是否提供了同极性 检查链条和齿轮 检查电动机控制器

（9）充实并完善所起草的智能制造系统维护保养手册（部分）

对起草的智能制造系统维护保养手册的内容进行检查、论证，并根据工作实际进行补充和完善。

项目 6　智能制造系统维护管理		任务 19　智能制造系统维保手册编制	
姓名：	班级：	日期：	检查页

检查验收

按照验收标准对任务完成情况进行检查验收和评价，包括体例、文档的准确性与易读性等，验收标准及评分表见表 19-7，将验收问题及其整改措施、完成时间记录于表 19-8 中。

表 19-7　验收标准及评分表

序号	验收项目	验收标准	分值	教师评分	备注
1	体例架构	分节合适、编排合理、有所侧重	20		
2	目录纲要	结构合理、内容齐全、详略得当	20		
3	内容易读性	考虑用户的阅读需要、体现产品的设计特点	20		
4	正确性与准确性	内容正确、条理清楚、客观准确	20		
5	适用性与指导性	能指导用户的使用与维保	20		
合计			100		

表 19-8　验收过程问题记录表

序号	验收问题记录	整改措施	完成时间	备注

? 引导问题 14：产品说明书的主要类型有哪些？

小提示

产品说明书的分类：

1）根据内容和用途的不同，可分为民用产品说明书、专业产品说明书、技术说明书等。

2）根据表达形式的不同，可分为条款式说明书、文字图表说明书等。

3）根据传播方式的不同，可分为包装式和内装式，包装式是直接写在产品的外包装上，内装式是将产品说明书专门印制，以彩页或装订成册的形式呈现。

项目6　智能制造系统维护管理	任务19　智能制造系统维保手册编制		
姓名：	班级：	日期：	评价页

评价反馈

　　各组介绍任务的完成过程并提交阐述材料，进行学生自评、学生组内互评、教师评价，完成考核评价表（见表19-9）。

　　?引导问题15：在手册撰写过程中，遇到了哪些计划中没有考虑到的问题？是如何解决的？你的专业认知和职业素养得到了哪些提高？

　　?引导问题16：你还想继续进行智能制造系统维修保养手册的细化和完善的编制工作吗？

表 19-9　考核评价表

评价项目	评价内容	分值	自评 20%	互评 20%	教师评价 60%	合计
职业素养 40分	爱岗敬业、安全意识、责任意识、服从意识	10				
	积极参加任务活动，按时完成工作页	10				
	团队合作、交流沟通能力、集体主义精神	10				
	真实准确，职业道德	10				
专业能力 60分	专业资料检索能力，中外品牌分析能力	10				
	制订计划能力，严谨认真	10				
	撰写符合规范，精益求精	15				
	工作效率，分工协作	10				
	任务验收，质量意识	15				
合计		100				

教师签名：	学生签名：

项目 6　智能制造系统维护管理		任务 19　智能制造系统维保手册编制	
姓名：	班级：	日期：	知识页

相关知识点： 智能制造系统维保手册的编制要点

一、系统维保手册编制目的

按操作维修要求编制系统（包括各部分）的操作维护手册，使操作维护人员清晰了解系统工作的整体架构，掌握系统操作维护的基本操作方法及突发事件的应对策略，了解各项配置信息及参数，为系统稳定运行做好准备。

二、系统维保手册的主要内容

1. 基础信息分册
2. 操作、维护、保养分册
3. 技术支撑分册

三、系统维保手册的附件

（1）专业资料清单
（2）各种图样及表格，图样应包括机械与电气布局图、结构图、安装图

四、系统维保手册的基本内容

扫码看知识 19：

智能制造系统维保手册的编制要点

任务 20　智能制造系统网络通信故障排查与维修

项目6　智能制造系统维护管理			任务20　智能制造系统网络通信故障排查与维修	
姓名：		班级：	日期：	任务页 1

学习任务描述

　　智能制造系统中的智能仓储单元、智能物流单元（AGV）、工业机器人单元、数控加工单元通过工业互联网连接，由于受工业现场振动、湿度、温度等的影响，相应的总线故障种类和频次也逐渐增加。本学习任务要求掌握智能制造系统网络通信故障的排查与维修方法。

学习目标

　　（1）了解智能制造系统网络的通信和连接方式。

　　（2）掌握 TCP 的连接应用及故障排除方法。

　　（3）掌握硬线 I/O 连接的应用及故障排除方法。

　　（4）掌握 ProfiNet 通信的应用及故障排除方法。

　　（5）对智能制造系统通信故障进行分析和排除。

　　（6）了解系统维修过程中的安全注意事项。

任务书

　　以 DLIM-441 智能制造系统平台为例，工业机器人与加工单元、物流单元之间有配合动作，因此需要各单元之间进行信号交流。请分析智能制造系统各单元网络通信的情况（包括 PLC 通信、MES 通信、触摸屏通信），硬件连接时可能出现的软硬件故障和常见故障的诊断办法，进行相关故障排查及维修。

项目6	智能制造系统维护管理		任务20	智能制造系统网络通信故障排查与维修	
姓名：		班级：		日期：	任务页2

任务分组

将班级学生分组，可4～8人为一组，轮值安排组长，使每人都有机会锻炼自己的组织协调能力和管理能力。各组任务可以相同或不同，任务分工见表20-1。每人明确自己承担的任务，注意培养独立工作能力和团队协作能力。

表 20-1　学生任务分工表

班级		组号		任务	
组长		学号		指导教师	
组员	学号	任务分工			备注

学习准备

1）通过信息查询获得关于智能制造系统网络配置的知识，包括产品性能、应用领域及技术特点。

2）根据技术资料了解网络配置及其常见故障，认识到工业现场通信技术以其鲜明的特点而快速应用于各领域，加强学习的主动性与紧迫感。

3）通过小组团队协作，制订网络通信故障排查与维修的方案，培养团队协作精神。

4）在教师指导下，完成网络通信故障诊断与维修，培养严谨、认真的职业素养和精益求精的工匠精神。

5）小组进行检查验收，解决网络通信故障诊断与维修中存在的问题，注重过程性评价，注重安全、节约、环保意识的养成，注重综合素养的培养和提升。

项目 6　智能制造系统维护管理		任务 20　智能制造系统网络通信故障排查与维修	
姓名：	班级：	日期：	信息页 1

获取信息

? 引导问题 1：通过预习，了解并说明智能制造系统有哪几个单元在通信中处于服务器地位。

? 引导问题 2：通过一个完整工序的分析，简要说明智能仓储单元中 MCGS 与 PLC 通信的设置过程。

? 引导问题 3：在智能物流单元中，当 AGV 接收到什么信息时小车开始起动，在物料输送到位后由什么信号触发工业机器人动作？

? 引导问题 4：简要说明 RFID 与 PLC 通信的组态过程。

? 引导问题 5：简要说明工业机器人与 PLC 通信的组态过程。

? 引导问题 6：简要说明数控加工单元与工业机器人单元的通信方式与通信内容。

? 引导问题 7：简要说明数控加工单元与 MES 的通信方式。

? 引导问题 8：简要说明常见以太网故障类型有哪些？

? 引导问题 9：通过工业机器人与 PLC 通信连接、组态过程，从硬件、软件两方面简述 ProfiNet 常见的故障类型。

? 引导问题 10：简述如何查找 ProfiNet 通信网络故障。

? 引导问题 11：参见图 20-1，简述 PLC 端的 ProfiNet 通信中参数设置方法。

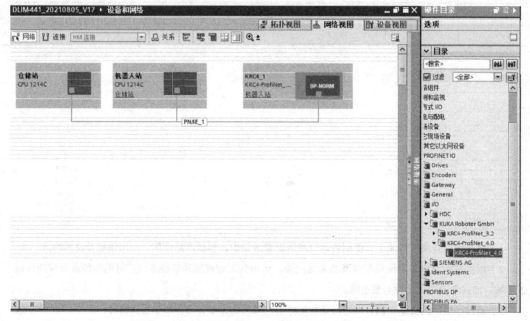

图 20-1　Portal 中通过安装 GSD 文件添加机器人设备的视图样例

? 引导问题 12：简述机器人端的 ProfiNet 通信中有哪些参数需要设置。

? 引导问题 13：S7-1200 系列 PLC 与第三方触摸屏通信时需启用＿＿＿＿＿＿＿＿＿＿。

项目 6　智能制造系统维护管理		任务 20　智能制造系统网络通信故障排查与维修	
姓名：	班级：	日期：	信息页 2

?引导问题 14：参见图 20-2，简述如何在 MCGS 中配置与 PLC 的通信。

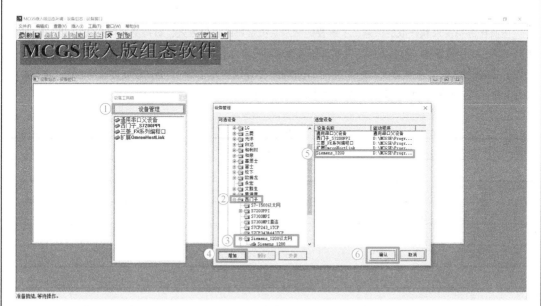

图 20-2　MCGS 中配置窗口样例

?引导问题 15：简述 MES、工业机器人单元的 PLC、数控加工单元三者之间的通信关系。

?引导问题 16：AGV 的通信交互方式是＿＿＿＿＿＿通信。

?引导问题 17：什么是硬线 I/O 连接？为什么要采用硬线 I/O 连接？

小提示

工业机器人常与传送带、机床等生产设备一起组成生产装配线（如汽车装配线、食品生产线等），以配合生产线上其他设备的动作。整个生产制造系统是关联控制的，机床、传送链、夹具、识别装置在各动作进行的前后都需要进行通信与控制。

工业机器人与上位机之间采用的通信方式一般有 RS-232、OPC server、Socket 等。

工业机器人通过与 PC 通信交换数据，PC 端可获取机器人的位姿数据、运行状态、报警信息等，同时 PC 可向机器人下发指令，工控机、MES 通过这种方式与机器人通信。

工业机器人、PLC、各种外设之间通过相应的通信板卡和软件包（或选项），采用 Profibus、ProfiNet、Modbus、DeviceNet、CC-Link 等通信方式实现信号交互，协同完成工艺过程。机器人与机器人之间，机器人与工业相机、RFID 之间的通信也是这种方式。

当机器人与 PLC 的交互信号比较少时，或者 PLC 与机器人通信协议不兼容时，机器人与 PLC 可直接通过硬线 I/O 连接，完成简单的信号交互。

项目 6　智能制造系统维护管理		任务 20　智能制造系统网络通信故障排查与维修	
姓名：	班级：	日期：	计划页

工作计划

　　按照任务书要求和获取的信息，了解智能制造系统常用的通信方式，对每类通信方式选定一个样例，制订网络通信故障排查与维修方案，方案需要考虑到绿色环保与节能要素。包括数控加工单元与 MES（上位机）的网络通信、工业机器人与 PLC 间的 ProfiNet、工业机器人与外部设备的硬线连接等方式。将排查与维修工作计划列入表 20-2，工具、设备计划清单列入表 20-3。

表 20-2　网络通信故障排查与维修工作计划

步骤	工作方案	负责人

表 20-3　工具、设备计划清单

序号	名称	型号	数量	备注

项目6　智能制造系统维护管理	任务20　智能制造系统网络通信故障排查与维修
姓名：　　　　班级：	日期：　　　　决策页

进行决策

以工业机器人单元、数控加工单元、MES、触摸屏MCGS为对象，对不同组别的工作计划进行工作方案对比、分析、论证，整合完善，形成最终决策，作为工作实施的依据。将计划对比分析列入表20-4，决策方案列入表20-5，工具、设备最终清单列入表20-6。

表20-4　计划对比分析

组员	计划中的优点	计划中的缺陷

表20-5　网络通信故障排查与维修决策方案

步骤	工作内容	负责人

表20-6　工具、设备最终清单

序号	名称	型号	数量	备注

项目6　智能制造系统维护管理		任务20　智能制造系统网络通信故障排查与维修	
姓名：	班级：	日期：	实施页1

工作实施

在 DLIM–441 智能制造系统中，现场总线技术用于实现现场级的设备通信。当设备发生网络通信故障时，通常是由运维人员对设备进行检测，逐一排除故障。智能制造系统网络通信故障排查与维修按以下步骤进行。

1. 确定系统中设备之间的通信类型与方式

在本系统中，除 AGV 使用无线通信外，其余都是有线通信。工业机器人本体与 PLC 之间使用的是基于网口的 ProfiNet 通信。PLC 与 RFID 读写器之间使用的也是基于网口的 ProfiNet 通信。工业机器人与数控加工单元间使用的是硬线 I/O 连接。MES 与 PLC 之间使用的是基于网口的 TCP 通信。触摸屏与 PLC 之间使用的是基于网口的以太网通信。

? 引导问题18：如何确认是哪些设备间出现了网络通信故障？

2. 对于硬线 I/O 连接，判断是否出现连接故障

? 引导问题19：硬线 I/O 连接一般采用_____，一般使用_____检测。

3. 排查网口连接的硬件故障

1）查看设备硬件状态指示灯。观察 PLC、接口卡上的指示灯，快速确认是否是硬件故障。

2）若是硬件故障，可使用网线测试仪等设备排查网线故障。

3）若不是网线故障，则可使用 ping 指令测试是否能连接，测试前需保证两台设备（计算机配置的 PLC、工业机器人）在同一网段且设备名不同，如无法正常连接，则考虑设备接口卡故障。

4. 排查配置等软件故障

检查是否存在 IP 地址冲突、IP 地址配置错误、路由错误、丢包、错误数据帧及报文、设备过载、网络端口设置错误、设备固件版本不兼容等情况，查阅技术资料，检查配置。以工业机器人本体与 PLC 之间的 ProfiNet 通信为例说明检查项目。

1）如图 20-3 ～图 20-5 所示，检查 PLC 的型号、版本号、IP 地址，并通过监控表查看 ProfiNet 通信配置是否合理。

项目6　智能制造系统维护管理		任务20　智能制造系统网络通信故障排查与维修	
姓名：	班级：	日期：	实施页2

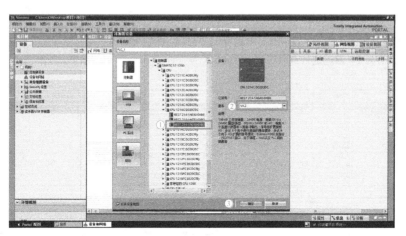

图20-3　PLC的型号与版本号样例

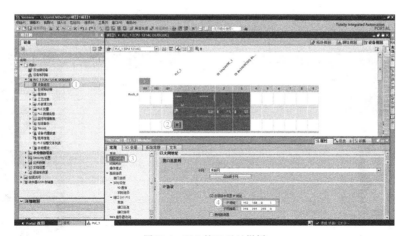

图20-4　PLC的IP地址样例

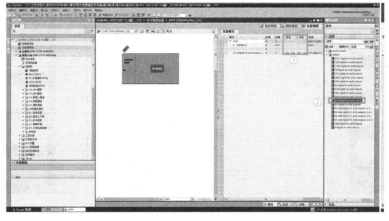

图20-5　PLC端的ProfiNet的监控表及首地址

项目6 智能制造系统维护管理		任务20 智能制造系统网络通信故障排查与维修	
姓名:	班级:	日期:	实施页3

2）配置 ProfiNet，检查机器人端网络配置，如图 20-6 所示。配置好后，通过机器人置位一个输出测试位，在 PLC 端使用监控表查看对应输入位是否为 1。也可在 PLC 端使用监控表置位一个输出测试位，在机器人端看输入是否为 1。通过这种双向测试，可确定配置是否正确。

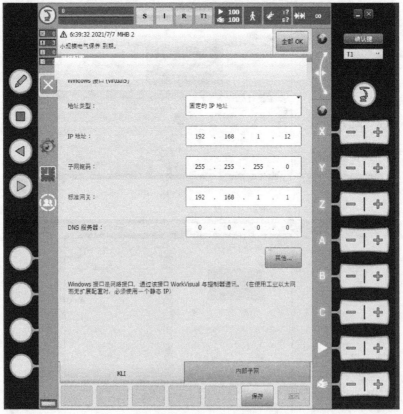

图 20-6 机器人端的 ProfiNet 的设置

项目 6　智能制造系统维护管理		任务 20　智能制造系统网络通信故障排查与维修	
姓名：	班级：	日期：	实施页 4

3）对于触摸屏的 MCGS 配置，重点检查本单元和远端 IP 地址，如图 20-7 所示。

图 20-7　MCGS 的设置样例

4）对于 MES，若无硬件故障，则可能出现丢包或采集不到的情况，一般来说只检查设备的 IP 即可。对于工厂级的 MES 来说，则须将具备相同功能和安全等级要求的设备划分到同一区域，做好网络物理分级，并分配给 PLC 合适的通信负荷，可解决数据丢包或采集不到的情况。

小提示

排查与维修实施中的安全注意事项：

1）进入车间前必须穿好工作服、戴好劳保手套、防护眼镜等劳动保护用具。

2）分析将要进行的维修工作，列出可能存在的风险隐患，制定相应的防范措施和应急方案。

3）设备维修前，先检查电、液、气动力源是否断开，且在开关处挂"正在修理""禁止合闸"等警示牌或由专人监护，监护人不得从事操作或做与监护无关的事。

4）设备维修前必须检查、分析、了解设备故障发生的原因及现状。

5）两人以上工作要注意配合。

6）工具放置整齐、平稳，使用电动工具时注意随时检查紧固件、旋转件的紧固情况，确保其完好再使用。

7）禁止在旋转、运动的设备及其附属回路上进行工作。

8）禁止带电拆卸自动化控制设备，如 PLC 模块、在线仪表、气动阀的电路板等，以免人身危险和损坏器件。

9）操作时严格遵守设备的安全操作规程。设备开动前，先检查防护装置、紧固螺钉，电、液、气动力源开关是否完好，然后进行试车检验，运行正常后才能投入使用。

10）工作完成后，及时清理场地卫生，保持干净整洁，油液污水不得留在地上，以防滑倒伤人。

11）班组人员完成巡检、维修作业后，维修人员应当及时填写巡检、维修记录，不得出现漏填、错填现象，记录留用备查。班组长认真审查巡检、维修记录，确保记录真实有效。

项目 6 智能制造系统维护管理	任务 20 智能制造系统网络通信故障排查与维修
姓名： 班级：	日期： 检查页

检查验收

按照验收标准对任务完成情况进行检查验收和评价，包括硬件故障、网络的配置与通信测试等，验收标准及评分表见表 20-7，将验收问题及其整改措施、完成时间记录于表 20-8 中。

表 20-7   验收标准及评分表

序号	验收项目	验收标准	分值	教师评分	备注
1	故障范围的确定	故障范围确定准确	10		
2	故障范围排查的依据	故障排查依据合理	20		
3	故障排查的步骤	故障排查步骤正确	10		
4	故障维修过程的安全性	做好安全防护，故障没有扩大	10		
5	故障维修的依据	故障维修依据合理	10		
6	故障维修工具的使用	故障维修工具使用正确、工具使用完毕后现场被恢复	10		
7	故障维修的步骤	故障维修步骤正确、各参数设置正确	20		
8	故障维修完毕后的测试与恢复	故障维修完毕后的测试完成，设备恢复	10		
	合计		100		

表 20-8   验收过程问题记录表

序号	验收问题记录	整改措施	完成时间	备注

? 引导问题 20：系统网络通信故障排查与维修实施中有哪些安全、环保、节约的注意事项？

项目 6　智能制造系统维护管理		任务 20　智能制造系统网络通信故障排查与维修	
姓名：	班级：	日期：	评价页

评价反馈

各组介绍任务的完成过程并提交阐述材料，进行学生自评、学生组内互评、教师评价，完成考核评价表（见表20-9）。

? 引导问题 21：在故障查找与维修的实施中，遇到了哪些计划中没有考虑到的问题？是如何解决的？你的专业认知和职业素养得到了哪些提高？

? 引导问题 22：你还想了解工业现场通信的哪些知识？

表 20-9　考核评价表

评价项目	评价内容	分值	自评 20%	互评 20%	教师评价 60%	合计
职业素养 40 分	爱岗敬业、安全意识、责任意识、服从意识	10				
	积极参加任务活动，按时完成工作页	10				
	团队合作、交流沟通能力、集体主义精神	10				
	劳动纪律，职业道德	5				
	现场 6S 标准，行为规范	5				
专业能力 60 分	专业资料检索能力，中外品牌分析能力	10				
	制订计划能力，严谨认真	10				
	操作符合规范，精益求精	15				
	工作效率，分工协作	10				
	任务验收，质量意识	15				
合计		100				
创新能力 加分 20 分	创新性思维和行动	20				
总计		120				

教师签名：　　　　　　　　　　　　　　学生签名：

项目6　智能制造系统维护管理		任务20　智能制造系统网络通信故障排查与维修	
姓名：	班级：	日期：	知识页

相关知识点：智能制造系统网络通信故障诊断办法

一、ProfiNet 网络通信故障的诊断

ProfiNet 是新一代基于工业以太网技术的自动化总线标准，可以直接连接现场设备，支持分布的自动化控制方式，可在各种平台上快速地进行数据交换，为制造业和过程工业提供高效的解决方案，得到了广泛的应用。ProfiNet 网络通信在现代工业控制中发挥着重要的作用，一旦发生故障，将带来巨大的经济损失和安全隐患。

1. ProfiNet 的常见故障类型

（1）物理层故障

（2）网络层和传输层故障

（3）应用层故障

2. ProfiNet 的故障诊断方法

遇到 ProfiNet 网络故障时，首先要识别网络故障现象，对故障现象进行详细的分析，列举可能引起故障的原因。

二、MES、PLC、第三方设备间的常用通信方式

三、本系统的各种通信方式总结

在 DLIM-441 智能制造系统中，MES 与工业机器人单元、仓储单元的两个 PLC 间使用 TCP 连接，MES 与数控机床间使用第三方软件（实际是一个 API 接口）进行通信。数控机床与工业机器人单元的 PLC 间使用硬线 I/O（介质为传输电缆）连接。工业机器人单元的 PLC 与工业机器人本体、RFID 之间使用 ProfiNet 通信。AGV 使用无线方式交互本体的位置、仓位等数据。触摸屏 MCGS 与两个 PLC 之间的通信是在勾选 Portal 中的"允许来自远程对象的 PUT/GET 通信访问"后，在 MCGS 设备视图中添加 PLC 外设来完成，交互的数据多为位变量。

扫码看知识 20：

智能制造系统网络通信故障诊断办法

任务 21　智能制造系统运行与维护

项目 6　智能制造系统维护管理		任务 21　智能制造系统运行与维护	
姓名：	班级：	日期：	任务页 1

学习任务描述

　　智能制造系统的运行维护工作直接关系到设备的故障率和作业率，关系到设备能否长期保持良好的工作精度和性能。做好对设备的维护保养工作，能够延长设备平均无故障时间及机械部件的磨损周期，防止意外恶性事故的发生。本学习任务要求掌握智能制造系统的运行维护方法。

学习目标

　　（1）了解智能制造系统及加工中心、工业机器人、AGV 的结构、作用及工作特点等基本知识。
　　（2）了解智能制造系统及加工中心、工业机器人、AGV 的基本维护要求。
　　（3）按要求对加工中心工作台、主轴、控制柜、操作面板等进行维护。
　　（4）按要求对工业机器人进行零点标定，更换电池。
　　（5）按要求对 AGV 进行维护。

任务书

　　请通过对系统主要单元的维护，如加工中心的日常维护、工业机器人维护、AGV 移动机器人电源维护，完成智能制造系统运行与维护任务。DLIM-441 智能制造系统平台如图 21-1 所示。

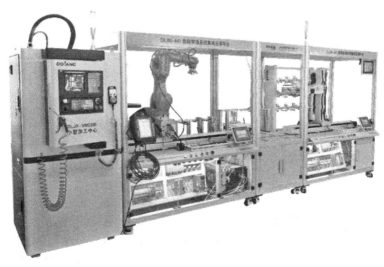

图 21-1　DLIM-441 智能制造系统平台

项目6　智能制造系统维护管理		任务21　智能制造系统运行与维护	
姓名：	班级：	日期：	任务页2

任务分组

　　将班级学生分组，可4～8人为一组，轮值安排组长，使每人都有机会锻炼自己的组织协调能力和管理能力。各组任务可以相同或不同，任务分工见表21-1。每人明确自己承担的任务，注意培养独立工作能力和团队协作能力。

表21-1　学生任务分工表

班级		组号		任务		
组长		学号		指导教师		
组员	学号	任务分工				备注

学习准备

　　1）通过信息查询获得关于智能制造系统运行维护的基本知识，包括系统品牌、性能、应用领域、技术特点及发展规模。

　　2）通过小组团队协作，制订智能制造系统维护工作计划，培养团队协作精神。

　　3）在教师指导下，按照工艺要求完成各工作单元的维护工作，培养苦练技能、以技修身的工匠精神。

　　4）小组之间进行检查验收，解决系统维护工作中存在的问题，注重过程性评价，倡导力行节约，安全为先。

项目6　智能制造系统维护管理		任务21　智能制造系统运行与维护	
姓名：	班级：	日期：	信息页1

获取信息

?引导问题1：查阅资料，了解智能制造系统的工作过程。

?引导问题2：自主学习加工中心、工业机器人、AGV机器人运行维护的基础知识。

?引导问题3：加工中心的维护保养按照难度级别可分为三个等级，分别为日常保养、_____、_____。其中，_____保养工作最为复杂，需要专业维修人员和操作人员一起参加，共同完成。

?引导问题4：将工业机器人维护保养工作进行模块化分类，可分为几类？分别是什么？

?引导问题5：分析图21-2所示AGV机器人采用什么方式供电？如何对其进行维护？

图21-2　AGV机器人外形图

?引导问题6：AGV机器人常用的电池有哪几类？各有何优缺点？

?引导问题7：加工中心维护保养工作应达到"四项要求"，是哪四项？

?引导问题8：工业机器人各模块的维护保养周期是多久？

?引导问题9：查阅资料，阐述AGV机器人无接触供电方式的应用场合及利弊。

?引导问题10：AGV机器人与主控计算机常见的通信方式有蓝牙、WiFi、Zigbee、Lora四种，请分别说明它们的应用场合。

?引导问题11：AGV机器人与主控计算机WiFi通信物联网模块有哪些品牌和型号？

?引导问题12：加工中心维护保养工作如何践行安全、节约、环保的原则？

?引导问题13：示教工业机器人运动时，如何避免与其他部件发生碰撞？

?引导问题14：加工中心操作面板上都有哪些工作指示灯？各自作用是什么？

项目 6　智能制造系统维护管理	任务 21　智能制造系统运行与维护	
姓名：	班级：	日期：	信息页 2

小提示

　　加工中心维护工作根据工作难度、深度及工作量大小，可分为日常维护、一级维护和二级维护三类。其中，日常维护是各类维护保养的基础，重点是清洁、润滑，紧固易松动的器件，检查零部件的磨损情况和调整间隙。日常维护保养的项目和部位较少，以设备外部维护保养为主。一级维护比日常维护的面广、内容深、要求高，主要工作是根据设备的使用情况，对部分零部件进行拆卸、清洗，对设备某些配合间隙进行调整，清除设备表面油污，检查、调整润滑油路等。一级维护一般在专职维修人员的指导下，由操作人员根据保养周期按计划完成。二级维护难度最大，主要工作是根据设备的使用情况，对设备进行部分解体检查和清洗，修复或更换易损件，以保证传动箱、液压油箱的油质和油量符合要求，能够实现正常润滑、冷却等。二级维护是定期、有计划的活动，以专业维修人员为主，操作人员参加，共同完成。

　　工业机器人在长期运行过程中，性能会有所下降，若缺乏必要的维护，不仅会缩短使用寿命，还存在安全和质量隐患。因此要严格按照工业机器人运行规律正确使用，科学维护。工业机器人维护工作按照模块化来分，大体可以分为油、电、气三类。油模块主要指工业机器人减速器运转所需的专用润滑油脂；电模块主要指工业机器人工作必备的各种电器装置，如电器开关、电磁阀、通信线缆、伺服驱动器、电控柜等；气模块主要指气路，包括气管、气岛、气泵、气阀等。

　　AGV(Automated Guided Vehicle) 机器人指具有自动导引装置的运输机器人，意为"自动导引运输车"。AGV 机器人的供电方式大体可分为充电电池供电和无接触供电两种方式，在实际运用中，采用充电电池组供电的方式应用更为广泛。在本次任务中，主要是对 AGV 机器人充电电池组进行维护工作。

项目 6　智能制造系统维护管理		任务 21　智能制造系统运行与维护	
姓名：	班级：	日期：	计划页

工作计划

　　按照任务书要求和获取的信息制订智能制造系统（包括加工中心、工业机器人、AGV 机器人）运行维护的工作方案。将智能制造系统运行维护工作方案列入表 21-2，材料、工具计划清单列入表 21-3。

表 21-2　智能制造系统运行维护工作方案

步骤	工作内容	负责人

表 21-3　材料、工具计划清单

序号	名称	型号和规格	单位	数量	备注

项目6　智能制造系统维护管理		任务21　智能制造系统运行与维护		
姓名：	班级：	日期：		决策页

进行决策

对不同组员的工作计划进行选材、工艺、施工方案的对比、分析、论证，整合完善，形成小组决策，作为工作实施的依据。将计划对比分析列入表21-4，小组决策方案列入表21-5，材料、工具最终清单列入表21-6。

表21-4　计划对比分析

组员	计划中的优点	计划中的缺陷	优化方案

表21-5　智能制造系统运行维护决策方案

步骤	工作内容	负责人

表21-6　材料、工具最终清单

序号	名称	型号和规格	单位	数量	备注

项目 6 智能制造系统维护管理		任务 21 智能制造系统运行与维护	
姓名:	班级:	日期:	实施页 1

工作实施

按以下步骤实施智能制造系统主要单元的设备维护工作:

1. 加工中心的维护

1)清理加工中心机床环境,确保无遮挡、无干扰,打扫地面,同时检查机床有无漏水、漏油情况。

2)清理加工中心工作台、滑动门、刀库周边废料、铁屑、飞溅物。

3)清洁操作门、玻璃窗和照明灯具。

4)检查注油机液位和每日油量消耗是否正常。

5)检查空气过滤器压力数值是否正常,过滤器中是否有污渍、堵塞、水分,有则清理并排出水分。

6)清洁主轴锥孔,如图 21-3 所示,查看手动换刀和自动换刀动作是否正常。

7)查看加工中心切削液液位观察窗,如图 21-4 所示,液位刻度较低时应及时补充切削液,同时检查排屑机构工作是否正常。

图 21-3   加工中心主轴锥孔

— 液位观察窗

图 21-4   切削液液位观察窗

8)检查加工中心操作面板上屏幕与各项工作指示灯显示是否正常。

9)检查加工中心工作时有无异响、异味,如有,应及时停机检查。

10)检查加工中心电控柜冷却装置工作是否正常。

11)填写加工中心日常维护记录至表 21-7 中。

项目6　智能制造系统维护管理		任务21　智能制造系统运行与维护	
姓名：	班级：	日期：	实施页2

表21-7　加工中心日常维护记录

保养项目	设备名称/编号：																														
	1	2	3	4	5	6	7	8	9	10	11	12	13	14	15	16	17	18	19	20	21	22	23	24	25	26	27	28	29	30	31
清洁机床及周围																															
清理台面及积屑																															
检查注油机液位是否正常																															
检查空气过滤器是否正常																															
手动/自动换刀动作是否正常																															
切削液刻度是否正常																															
排屑机构是否正常																															
操作面板工作指示灯显示是否正常																															
加工中心有无异响、异味																															
加工中心电控柜冷却装置是否正常																															
保养人																															
备注																															

注：保养项目已完成及检验项目结果正常，在相应栏内打"√"；否则打"×"。此表由维护人员填写。

2. 工业机器人单元的维护

工业机器人使用锂电池作为编码器数据备份用电池。电池电量下降到一定限度，则无法正常保存数据。若电池每天使用8h，应每2年更换一次。保存电池应选择避免高温、高湿、不会结露且通风良好的场所。建议在常温(20℃±15℃)条件下，温度变化较小，相对湿度在70%以下的场所进行保存。更换电池时，请在控制装置一次电源通电状态下进行，如果电源处于未接通状态，编码器会出现异常，此时需要执行编码器复位操作。已使用的电池应按照所在地区规定的分类规定作为"已使用锂电池"废弃。库卡机器人的电池安装位置有两个：一个在控制柜门上，另一个在冷却通道下面。电池与控制柜上的插头X305连接，并用F305号熔断器实现保护。工业机器人控制系统出厂时，电池插头X305已从CCU中拔出，以防止电池经PMB过度放电。机器人系统首次启用时，必须在控制系统关机状态下将插头X305插上。

更换电池时必须注意三点：一是机器人控制系统必须保持关机状态，并采取措施防止意外重启；二是电源线已断开；三是拆卸时必须佩戴手套。

（1）冷却箱下方的电池更换

1）拆下冷却箱。

2）拔下电池电缆，或拔下控制柜中的X305插头。

3）卸下魔术贴并卸下电池，然后换上新电池。

（2）柜门上的电池更换

1）向右推电池，直到弹簧固定好。

2）将电池向右翻转直到超过固定螺栓。

3）用拇指向外按压弹簧。

4）取出电池。

5）换上新电池，并装回盖板。

项目6　智能制造系统维护管理		任务21　智能制造系统运行与维护	
姓名：	班级：	日期：	实施页3

?引导问题15：对工业机器人编码器电池进行更换后，如果出现轴驱动器报警，该如何处理？可能的原因是什么？

📘小提示

在工业机器人编码器电池更换过程中，如果操作不当，除了出现机器人零点丢失故障外，还有可能引发机器人轴驱动器报警。如果出现这种情况，就需要查询机器人伺服驱动器手册，打开电控柜，设置驱动器相应的参数，清除报警错误，清除完毕，重新上电即可。

（3）工业机器人零点标定

工业机器人在运行过程中发生碰撞或更换机器人本体编码器电池后，会出现机器人零点丢失的情况，这时需要进行零点标定。

零点标定步骤请参见本任务知识页。

3.AGV机器人的维护

当AGV机器人电池电压低至10V以下时，需对电池进行及时充电。充电时，应使用机器人专用充电器，并且充电过程中，不可随意更改充电器参数。充电操作步骤如下。

1）在充电器接通电源前，将充电器与AGV机器人连接，如图21-5所示。

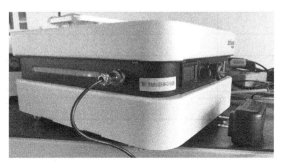

图21-5　充电器与AGV机器人的连接

2）将充电器接通电源，当充电器充电指示灯变成绿色时即完成了AGV充电。

📘小提示

AGV机器人正常使用时，电池电压低至11.5V即可充电，充电时限为120min，充电时间到时会闪烁"TIME"字样。如果120min到时电池仍未充满，重复上述步骤可继续充电，直至电池完全充满。电池充满后，拔掉充电器，屏幕会闪烁"FULL"字样。不可长时间待电，电池放电不可以长时间低至10V以下，长期过度放电会降低电池使用寿命。

项目 6　智能制造系统维护管理		任务 21　智能制造系统运行与维护	
姓名：	班级：	日期：	检查页

检查验收

对智能制造系统运行维护工作任务完成情况进行检查验收和评价，包括工艺质量、施工质量等。任务评分表见表 21-8，将验收问题及其整改措施、完成时间记录于表 21-9 中。

表 21-8　任务评分表

序号	验收项目	分值	教师评分	备注
1	加工中心日常维护	20		
2	工业机器人电池更换维护工作	20		
3	工业机器人零点标定	25		
4	AGV 机器人电池维护工作	15		
5	智能制造维护工作工艺质量	20		
合计		100		

表 21-9　验收过程问题记录表

序号	验收问题记录	整改措施	完成时间	备注

项目 6 智能制造系统维护管理		任务 21 智能制造系统运行与维护	
姓名:	班级:	日期:	评价页

评价反馈

各组展示智能制造运行维护任务成果，介绍任务的完成过程并提交阐述材料，进行学生自评、学生组内互评、教师评价，完成考核评价表（见表 21-10）。

?引导问题 16：在本次完成任务过程中，你印象最深的是哪件事?

?引导问题 17：你对智能制造系统维护工作要点领会了多少? 还想继续学习关于维护工作的哪些内容? 自身哪些职业能力得到了提升?

表 21-10　考核评价表

评价项目	评价内容	分值	自评 20%	互评 20%	教师评价 60%	合计
职业素养 40 分	爱岗敬业、安全意识、责任意识、服从意识	10				
	积极参加任务活动，按时完成工作页	10				
	团队合作、交流沟通能力、集体主义精神	10				
	劳动纪律，职业道德	5				
	现场 6S 标准，规范操作	5				
专业能力 60 分	专业资料检索能力，严谨认真	10				
	制订计划能力，周密精确	10				
	操作符合规范，安全第一	15				
	工作效率高，精益求精	10				
	任务验收，质量意识	15				
合计		100				
创新能力 加分 20 分	创新性思维和行动	20				
总计		120				
教师签名：		学生签名：				

项目 6　智能制造系统维护管理			任务 21　智能制造系统运行与维护	
姓名：	班级：		日期：	知识页

相关知识点：智能制造系统运行与维护相关知识

一、加工中心

1. 加工中心的功能

2. 加工中心的特点

3. 加工中心维护的工作要求

二、工业机器人单元

1. 工业机器人的功能

2. 工业机器人的特点

3. 工业机器人各机构维护的周期要求

4. 工业机器人零点标定的步骤

三、AGV 机器人

1. AGV 机器人的功能

2. AGV 机器人的特点

3. AGV 机器人电池维护的要点

扫码看知识 21：

智能制造系统运行与维护相关知识

任务 22　智能制造系统各工作单元、MES 服务器日常管理

项目 6　智能制造系统维护管理		任务 22　智能制造系统各工作单元、MES 服务器日常管理	
姓名：	班级：	日期：	任务页 1

学习任务描述

　　智能制造系统是集成了先进制造技术、信息技术和智能技术等的高端生产系统，造价较为昂贵。为防止设备性能劣化，降低设备失效的概率，应进行日常规范管理。本学习任务要求掌握智能制造系统各工作单元、MES 服务器日常管理的要求并予以实施。

学习目标

　　（1）掌握系统中工业机器人、电气设备、MES 日常管理工作要点。

　　（2）根据工作要求，对工业机器人机械结构、通信和驱动线缆、机械连接、运行状态进行检查并进行信息记录。

　　（3）对系统中熔断器、断路器、漏电保护器、电源模块、步进电动机驱动模块、西门子 PLC 模块、伺服驱动器模块等电气设备进行功能检查并进行信息记录。

　　（4）对 MES 的数据管理、计划排产管理、生产调度管理、库存管理、工作中心 / 设备管理、工具工装管理等模块进行功能检查与信息管理。

任务书

　　面向智能制造系统单元及其软硬件结构，请制订工作计划和实施方案，完成系统中工业机器人、电气设备、MES 服务器三个项目的日常管理工作。工业机器人外形、电气配电盘、MES 主页面如图 22-1 所示。

 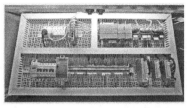 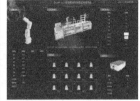

a) 工业机器人外形　　　　　　b) 电气配电盘　　　　　　c) MES 主页面

图 22-1　工业机器人外形、电气配电盘、MES 主页面

项目6　智能制造系统维护管理		任务22　智能制造系统各工作单元、MES服务器日常管理	
姓名：	班级：	日期：	任务页2

任务分组

　　将班级学生分组，可4～8人为一组，轮值安排组长，使每人都有机会锻炼自己的组织协调能力和管理能力。各组任务可以相同或不同，任务分工见表22-1。每人明确自己承担的任务，注意培养独立工作能力和团队协作能力。

表22-1　学生任务分工表

班级		组号		任务		
组长		学号		指导教师		
组员	学号		任务分工			备注

学习准备

　　1）通过查阅相关技术资料了解智能制造系统日常管理工作的重要意义和基本知识，包括系统品牌、性能、应用领域、技术特点及发展规模。

　　2）通过小组团队协作，制订智能制造系统工业机器人、电气设备、MES日常管理工作计划，培养团队协作精神。

　　3）在教师指导下，按照工作要求完成各工作单元的日常管理工作，培养苦练技能、以技修身的工匠精神。

　　4）小组间进行检查验收，解决管理工作中存在的问题，注重过程性评价，倡导力行节约、安全为先。

　　5）小组进行检查验收，检查智能制造系统工作单元、MES服务器日常管理的方法和步骤，注重过程性评价，注重安全、节约、环保意识的养成，注重综合素养的提升和培养。

项目 6　智能制造系统维护管理		任务 22　智能制造系统各工作单元、MES 服务器日常管理	
姓名:	班级:	日期:	信息页 1

获取信息

?引导问题 1：查阅资料，了解智能制造系统的结构组成与各单元的功能。

?引导问题 2：查阅资料，了解智能制造系统日常管理工作的重要意义。

?引导问题 3：查阅资料，了解智能制造系统中工业机器人的结构组成、功能及应用特点。

?引导问题 4：查阅资料，了解智能制造系统中常用电气设备的种类、功能及应用特点。

?引导问题 5：查阅资料，了解 MES 的作用及应用场合。

?引导问题 6：查阅资料，小组讨论，了解智能制造系统及工业机器人、常用电气设备、MES 的日常管理要求和方法。

小提示

电气设备是智能制造系统的重要组成部分，类型很多，按电源电压的性质大致可分为弱电类电气设备、强电类电气设备和强、弱二者兼有的电气设备三类。弱电类电气设备通过整流装置将交流电变成直流电来供电，往往电压较低、电流较弱。强电类电气设备多为各种接触器、继电器，电压一般为 220V 或 380V。强、弱电二者兼有的电气设备综合了前两者的特点。

工业机器人、电气设备、MES 等设备的管理工作方案应遵循"管用结合，人机固定"的原则，设备日常使用应具有计划性、前瞻性、合理调整，统筹安排。充分利用现有设备，尽量减少新设备的动用台数，既力行节约又不超负荷作业。还应制订严格的奖惩制度，保证设备使用和管理工作的良性循环。

项目6　智能制造系统维护管理		任务22　智能制造系统各工作单元、MES 服务器日常管理	
姓名：	班级：	日期：	计划页

工作计划

　　按照任务书要求和获取的信息，以质量、安全、环保为要求，制订工业机器人、电气设备、MES 日常管理工作方案。将日常管理工作方案列入表 22-2，工具、器件计划清单列入表 22-3。

表 22-2　日常管理工作方案

步骤	工作内容	负责人

表 22-3　工具、器件计划清单

序号	名称	型号和规格	单位	数量	备注

项目6　智能制造系统维护管理	任务22　智能制造系统各工作单元、MES 服务器日常管理	
姓名：	班级：	日期：	决策页

进行决策

　　对不同组员的工作计划进行对比、分析、论证，整合完善，形成小组决策，作为工作实施的依据。将计划对比分析列入表 22-4，小组决策方案列入表 22-5，工具、器件最终清单列入表 22-6。

表 22-4　计划对比分析

组员	计划中的优点	计划中的缺陷	优化方案

表 22-5　小组决策方案

步骤	工作内容	负责人

表 22-6　工具、器件最终清单

序号	名称	型号和规格	单位	数量	备注

项目 6　智能制造系统维护管理	任务 22　智能制造系统各工作单元、MES 服务器日常管理	
姓名：	班级：	日期：　　　　实施页 1

工作实施

按以下步骤实施智能制造系统各单元的日常检查管理工作。

一、工业机器人单元日常检查管理

1）工业机器人通电前，对工业机器人各部位进行日常清洁工作，检查机器人本体有无裂缝、过度磨损、变形等损坏情形。

2）检查机器人本体与示教器、电控柜之间的通信和驱动线缆的绝缘性，若有破损、过度扭曲现象，应进行调整或更换。

3）在工业机器人运行前，检查机器人各轴油封处、注油口、排油口是否存在漏油现象，如有，则擦拭干净，并做进一步检查，必要时上报情况。

4）通电后，检查工业机器人运行过程中是否有异常振动、异响和电动机过热等情况，如有，则立即停机，并进行进一步检查，必要时上报情况。

5）检查工业机器人轴抱闸功能是否正常，方法如下：

①运行机器人末端执行器轴至安全位置。

②将其静态负载量加到手册规定的最大值。

③断开电源，检查该轴能否保持在原位置或者落下量在 0.5mm 以内。

6）检查机器人本体安装螺栓和调整螺栓的紧固度，有松脱现象时，需用扭力扳手按手册规定的力矩全部加以紧固。

7）工作结束时，操作工业机器人各轴返回机械零度位置，切断控制装置的电源。

8）填写工业机器人日常管理记录，见表 22-7。

表 22-7 工业机器人日常管理记录

设备编号：　　　　　　　　　班级：　　　　　　　　　　　　年　月

日期		1	2	3	4	5	6	7	8	9	10	11	12	13	14	15	16	17	18	19	20	21	22	23	24	25	26	27	28	29	30	31
检查内容	1. 工业机器人外观是否正常																															
	2. 工业机器人各条线缆是否正常																															
	3. 工业机器人各轴是否漏油																															
	4. 机器人运行过程中是否有异常情况																															
	5. 工业机器人轴抱闸功能是否正常																															
	6. 工业机器人本体各项螺栓是否松脱																															
	7. 机器人各轴是否回机械零度位置																															
签名																																

备注：表中项目正常打"√"，异常打"×"。

项目 6　智能制造系统维护管理		任务 22　智能制造系统各工作单元、MES 服务器日常管理	
姓名：	班级：	日期：	实施页 2

? 引导问题 7：查询相关资料，工业机器人本体各轴外部螺栓紧固力矩是多少？

二、电气设备部分日常检查管理

1. 熔断器的检查

熔断器是电路中应用最广泛的保护器件之一。它采用金属导体作为熔体并串联于电路中，当过载或短路电流通过熔体时，因其自身发热而熔断，从而分断电路。熔断器结构简单、使用方便，广泛用于电力系统、各种电工设备和家用电器中作为保护器件。熔断器常见外形如图 22-2 所示。

熔断器检查项目：

① 检查熔断器各项标称额定值与当前设备是否匹配。

② 检查熔断器外观是否有损伤、变形现象，绝缘部分有无闪烁放电痕迹。

③ 检查熔断器各接触点是否完好，接触是否紧密，有无过热现象。

2. 断路器的检查

断路器是指能够接通正常电路，承载正常回路条件下的电流，并能开断异常回路条件（如短路）时电流的电流开关装置，其常见外形如图 22-3 所示。断路器按其工作电压分为高压断路器与低压断路器，本设备配电盘采用的是低压断路器。它与熔断器都是电路保护器件，但却有本质区别。断路器的保护方式是跳闸，排除电路故障后即可正常上电；熔断器的保护方式是熔断，排除故障后还需重新更换熔体才可上电，且熔断器的熔断速度是微秒级，远远快于断路器。

断路器检查项目：

① 检查断路器外观有无污渍、开裂、变形等现象，断路器安装位置是否正确。

② 检查断路器额定电压、额定电流等主要技术指标是否与当前设备匹配。

③ 检查断路器能否正常合闸和分闸，以及在合闸和分闸时断路器的指示标识信号是否正确。

④ 检查断路器在合闸和分闸时能否正常将电路电源接通和关断。

3. 剩余电流断路器的检查

剩余电流断路器是为防止电气设备或线路意外漏电而设计的一种电路保护装置，其常见外形如图 22-4 所示。它能在电路漏电电流超过预定值时，电气设备机壳、机架、电气线路意外漏电时迅速切断电源，以保护人身安全。常用的剩余电流断路器分为电压型和电流型两类，而电流型又分为电磁型和电子型两种。

剩余电流断路器检查项目：

① 检查剩余电流断路器外观有无污渍、开裂、变形等现象，断路器安装位置是否正确。

② 检查剩余电流断路器额定电压、额定电流等主要技术指标是否与当前设备匹配。

③ 检查剩余电流断路器在规定周期按下复位按钮时，电路能否立即跳闸断电。若不能，则说明剩余电流断路器内部有故障，应及时停机检修。

项目6 智能制造系统维护管理		任务22 智能制造系统各工作单元、MES 服务器日常管理	
姓名：	班级：	日期：	实施页3

  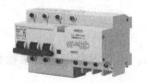

图 22-2 熔断器常见外形图　　图 22-3 断路器常见外形图　　图 22-4 常见剩余电流断路器外形图

4. 配电盘主要模块电压检查

DLIM-441 智能制造系统中的电气配电盘如图 22-1 所示，主要包括电源模块、步进电动机驱动模块、西门子 PLC 模块、伺服驱动器模块等。电源模块将 220V 交流电转换为 24V 直流电，步进电动机驱动模块为锐特 R60 高性能两相步进电动机驱动器，对三轴机械手和机器人行走平台步进电动机进行驱动。PLC 模块采用西门子 S7-1200 系列 PLC，可完成简单逻辑控制、高级逻辑控制、HMI 和网络通信任务。伺服驱动器模块采用信捷 DS 系列伺服驱动器，通过位置、速度、力矩三种方式对伺服电动机进行控制，实现高精度的传动系统定位。各模块电压额定值见表 22-8。

表 22-8 配电盘各模块电压额定值

序号	模块名称	额定电压
1	电源模块	DC 24V（输出）
2	步进电动机驱动器模块	DC 24V
3	西门子 PLC 模块	DC 24V
4	伺服驱动器模块	AC 220V

1）配电盘主要模块电压检查方法：

① 将数字万用表旋钮打在直流电压档位，不知电压范围时，应选最大量程档位。

② 注意红、黑表笔极性，一般红表笔接正极，黑表笔接负极。

③ 万用表两支表笔要并联在电路中测量。

④ 观察屏幕示数是否正确。

2）配电盘主要模块电压检查要点：

① 如果万用表屏幕显示数字 "1"，表示量程太小，要打在更高量程档位。

② 测量各模块电压时，要格外注意防止触电。

③ 选择功能和量程时，红、黑表笔要离开测试点。

三、MES 日常检查管理

1. MES 的项目管理

（1）MES 与管理模式

企业的先进管理模式是发挥 MES 功效的基础，与 MES 密切相关的管理，包括车间环境、职责分工以及人员保障等方面。

项目6　智能制造系统维护管理		任务22　智能制造系统各工作单元、MES服务器日常管理	
姓名：	班级：	日期：	实施页4

1）定置管理。定置，是指通过对生产和工作环境的分析，把生产和工作需要的物品按照工艺需要科学地确定位置。定置管理，是指对现场物品定置的设计、组织、实施、控制，使现场管理达到科学化、规范化、经常化的全过程。定置管理为生产者在较短的时间内用较低的成本制造出高质量产品提供良好的客观条件。通过定置管理，理顺物流，为MES的实施提供良好环境。

2）明确分工职责。企业的管理问题不是靠MES解决的，必须靠企业自身通过科学的组织、严格的规章、有效的控制来解决。MES只能通过信息的获取与加工、一定的流程控制来支持企业管理思想的贯彻。

若企业的组织结构不合理、职能重叠，责任不清，MES就无法正常运行。因此，在实施MES时，必须对企业的业务流程进行合理重组，去除重叠的部门职能，减少无效劳动，合理分工、明确职责。这样既能够简化MES软件的权限设置和流程控制，又能够保证信息处理的及时性，为MES的实施提供组织保证。

3）提供人员保证。MES的实施涉及计算机人员、企业管理人员、车间现场操作人员和具体业务人员等方面。不仅涉及面广，而且各类人员的文化水平、业务能力、计算机应用水平也参差不齐。因此，必须对相关人员进行培训，不仅要在实施准备阶段进行原理培训，而且在实施准备、模拟运行与试运行、切换运行、新系统运行过程中也要进行有关培训，如软硬件产品培训、系统管理员培训等。

（2）MES的项目准备

MES的项目进程主要包括前期工作、实施准备、模拟运行与试运行、切换运行以及新系统运行几个阶段。

1）项目前期技术准备阶段的工作主要包括MES培训、车间现场问题诊断、需求分析以及软件选型等方面的工作，并形成技术文件。

2）基础数据准备通常包括产品结构、物料（包括物料编码规则、零件、毛坯、在制品、刀具、工装、工具、量检具等）、工艺路线、加工工时、物料库存、设备与人员资源、各种代码等信息。

3）建设MES所需的网络，包括局域网及车间现场数据采集与控制网络。车间现场网络可采用多种形式，如工业以太网、现场总线、RS-485网络或RS-232网络等。具体的网络形式应根据数据采集系统的要求来确定。

（3）MES软件的应用

MES软件通常可分为三类：具有标准功能的、成熟的商品化软件；为满足特定需要而专门设计开发的软件；标准产品和其他系统的集成软件。

1）MES软件产品开发需要系统分析师、系统设计师、软件编程员、系统测试员、项目顾问、系统维护人员协同开发。

2）MES软件产品应方便适用，应只要熟悉业务就能使用软件。由于各企业生产批量和产品定货方式的不同，其生产的组织方式也各不相同，MES的应用也不完全相同。

3）MES与ERP、DCS等系统的兼容。企业的信息技术管理系统都是多元化系统，从财务管理软件、计算机辅助设计（CAD）、计算机辅助工艺（CAPP）、产品数据管理（PDM），到企业资源计划（ERP）、办公自动化（OA）、集散控制系统（DCS），企业使用了多套软件系统。为了防止出现信息孤岛，MES软件的功能不仅要满足企业目前的需求，还需要具备一定的扩展性，能够与多种系统进行集成，适应企业信息化需求。

2. MES的运行管理

（1）部门分工负责

各部门主管对本组的MES工作负责，确保按照实施要求参与MES的各项工作。

1）生产计划部负责生产计划、物料齐套检查、工单管理的执行。

2）生产工艺部负责工序BOM管理、工艺工装检查、设备以及设备备件管理。

项目6　智能制造系统维护管理		任务22　智能制造系统各工作单元、MES 服务器日常管理	
姓名：	班级：	日期：	实施页 5

3）生产仓库部负责物料收料、物料发料及库位管理。

4）生产制造部负责生产数据的实时收集、系统使用问题的反馈。

5）质量保证部负责产品检验数据的收集。

6）MES 管理员负责系统维护及问题的处理。

（2）操作过程要求

各操作人员在使用 MES 进行业务操作时，必须遵循《MES 操作说明书》，当遇到无法明确的操作流程时，不得擅自主张随意操作，应及时向主管提出，由 MES 项目实施小组给予解答，并按解答之后的操作规范操作。

（3）问题发现与处理

MES 运行过程中，下道工序要对上道工序进行监督，发现问题应该及时反应给主管或 MES 管理员。各部门开展 MES 工作遇到难题不能解决时，要及时通过《MES 问题处理记录表》反馈给主管，主管也应第一时间反馈到 MES 管理员处。

3. MES 服务器系统巡检

MES 服务器系统巡检项目见表 22-9。

表 22-9　MES 服务器系统巡检项目

序号	巡检项目	检测内容	检查结果（选项打√）
1	检查服务器的是否有报警声，指示灯面板是否有红灯显示（电源指示灯除外）	观察指示灯	□正常 □异常
2	硬件管理控制台中是否有硬件错误日志	登录管理控制台	□正常 □异常
3	通过 Windows 操作系统"任务管理器"检查系统 CPU 利用率	检测 3 次，每次 5min，记录大约平均的利用率	□正常 □异常
4	通过 Windows 操作系统"任务管理器"检查系统内存利用率	检测 3 次，每次 5min，记录大约平均的利用率	□正常 □异常
5	检查系统盘和数据盘的空间占用	系统盘占用比率是否超过 80%	□正常，未超过 □异常
6		数据占用比率是否超过 80%	□正常，未超过 □异常
7	操作系统启动和运行状况检查	上电启动	□正常 □异常
8	服务器系统定时任务执行情况	应用检查测试	□正常 □异常
9	服务器 IP 地址配置、服务器网络数据路由	命令行测试	□配置正确，网络正常通信 □配置有误，需修改 □配置重新设定
10	杀毒软件运行情况和病毒库状态	应用检查测试	□正常 □异常，未安装
11	异常问题记录（以上问题和其他问题请在此具体描述）		

注：以每台设备为单位填写。

项目 6　　智能制造系统维护管理	任务 22　　智能制造系统各工作单元、MES 服务器日常管理
姓名：　　　　　　班级：	日期：　　　　　　　　　检查页

检查验收

根据智能制造系统日常管理工作的实施结果，对本任务完成情况进行检查验收和评价。任务评分表见表 22-10，将验收过程中出现的问题及其整改措施、完成时间记录于表 22-11 中。

表 22-10　任务评分表

序号	验收项目	验收标准	分值	教师评分	备注
1	工业机器人日常管理工作	步骤正确，安全无误	25		
2	电气设备日常管理工作	步骤正确，安全无误	25		
3	MES 服务器日常管理工作	步骤正确，安全无误	25		
4	系统各单元管理工作质量	计划合理，步骤正确，绿色环保	25		
合计			100		

表 22-11　验收过程问题记录表

序号	验收问题记录	整改措施	完成时间	备注

项目6　智能制造系统维护管理		任务22　智能制造系统各工作单元、MES服务器日常管理	
姓名：	班级：	日期：	评价页

评价反馈

　　各组展示智能制造系统日常管理工作成果，介绍任务的完成过程并提交阐述材料，进行学生自评、学生组内互评、教师评价，完成考核评价表（见表22-12）。

　　? 引导问题8：在本次任务实施过程中，你印象最深的是哪件事？

　　? 引导问题9：你对智能制造系统日常管理工作掌握了多少？还想继续学习关于智能制造系统管理工作的哪些内容？自身职业能力得到了哪些提升？

表22-12　考核评价表

评价项目	评价内容	分值	自评 20%	互评 20%	教师评价 60%	合计
职业素养 40分	爱岗敬业、安全意识、责任意识、服从意识	10				
	积极参加任务活动，按时完成工作页	10				
	团队合作、交流沟通能力、集体主义精神	10				
	劳动纪律，职业道德	5				
	现场6S标准，规范操作	5				
专业能力 60分	专业资料检索能力，严谨认真	10				
	制订计划能力，周密精确	10				
	操作符合规范，安全第一	15				
	工作效率高，精益求精	10				
	任务验收，质量意识	15				
合计		100				
创新能力 加分20分	创新性思维和行动	20				
总计		120				

　　教师签名：　　　　　　　　　　　　　　　　学生签名：

项目6　智能制造系统维护管理	任务22　智能制造系统各工作单元、MES服务器日常管理		
姓名：	班级：	日期：	知识页

相关知识点：智能制造系统工作单元、MES日常管理工作要点

1. 工业机器人日常管理工作要点

1）做好宣传教育工作，使用者能够自觉地做好工业机器人运行前各项检查工作，认真填写工业机器人日常管理记录表，也可以提出更加合理化的建议。

2）工业机器人日常管理记录表是实现工业机器人常见故障管理的基础资料，又是进行故障分析、处理的原始依据，记录必须完整正确。

3）日常管理记录表应按月存档，通过对常见故障数据统计、整理、分析，计算出工业机器人各部件故障频率和平均故障间隔时间，找出故障的发生规律，以便突出重点采取对策。

2. 电气设备日常管理工作要点

1）要熟悉智能制造系统各用电设备主断路器位置，一旦发生意外事件时，应第一时间切断电路电源

2）要熟练掌握智能制造系统中各种断路器的操作方法及送电停电的操作顺序，送电时，应先送总闸，再送各用电设备。停电时，应先停各用电设备，再停总闸。

3）配电盘漏电保护器应每月进行一次漏电检测，如有跳闸灵敏度降低现象马上进行更换

4）配电盘应保持干燥，无异物，各固定螺丝要定期紧固。

3. MES日常管理工作要点

1）MES日常管理应建立完整的技术文档和维护方案。

2）为保证MES正常运行，除了安装必要的应用软件外，一般不安装其他非必要软件，严禁安装游戏，聊天软件等。

3）需要拷贝到电脑的程序和数据，必须进行检测确认无病毒后方可传入。

4）杀毒软件病毒库要及时升级更新。

扫码看知识22：

智能制造系统工作单元、MES日常管理工作要点

附　录

附表 A 《智能制造系统集成应用（高级）》学业评价汇总表（样例）

班级：

学号	姓名	项目 1			项目 2				项目 3					项目 4			项目 5				项目 6			
		任务 1	任务 2	任务 3	任务 4	任务 5	任务 6	任务 7	任务 8	任务 9	任务 10	任务 11	任务 12	任务 13	任务 14	任务 15	任务 16	任务 17	任务 18	任务 19	任务 20	任务 21	任务 22	

附表 B　1+X 职业技能等级证书（智能制造系统集成应用）配套系列教材（初级）目录

《智能制造系统集成应用（初级）》活页式教材摘要
载体：DLIM-441 智能制造系统集成应用平台，DLIM-DT01 数字化双胞胎技术应用平台，MES 软件，工具软件
建议学时：80～100 学时（课程学习）；60～80 学时（1+X 证书培训）

学习项目	学习任务	工作内容
项目 1　智能制造系统认知	任务 1　智能制造历史了解	智能制造概念，主要国家智能制造发展史，中国制造强国战略，传统制造升级
	任务 2　智能制造系统主要组成及功能	智能制造系统及各单元的组成和功能，包括数控机床、工业机器人、智能检测、智能仓储、电气控制系统、供气系统、安全防护等单元
	任务 3　智能制造系统安全防控与应急处理	智能制造系统中数控机床、工业机器人、AGV 等单元的安全保护装置、安全防控与应急处理
项目 2　数控机床单元安装与调试	任务 4　数控机床防护门改造与安装	智能制造系统中数控机床防护门的气缸安装和与控制气路连接调试，传感器的连接调试
	任务 5　数控机床摄像头安装与调试	数控机床内摄像头的安装与调试
	任务 6　数控机床在线测量装置安装	数控机床在线测量装置测头的安装与调试
项目 3　工业机器人单元安装与调试	任务 7　工业机器人单元机械部分安装	工业机器人单元中机器人行走平台、机器人本体、机器人末端机构（夹具及其快换装置）、夹具放置架、RFID 信息读写台的机械安装
	任务 8　工业机器人控制系统安装	机器人本体、控制柜、示教器的连接与调试，工业机器人单元电气控制回路和气动控制回路安装
项目 4　智能制造系统其他单元安装与调试	任务 9　AGV 路径设置	AGV 路径桌面磁条的铺设，芯片的位置固定，小车的定位
	任务 10　仓储单元机械手调试	机械手安装，电路连接，步进电动机的调试，机械手限位信号检查与测试
	任务 11　视觉系统安装与调试	视觉系统的相机安装，软件安装，编程测试，相机角度的调整
	任务 12　传感器安装与调试	传输带、位置传感器、力觉传感器的安装和调试，包括三轴机械手传感器、夹具台传感器、机器人原点传感器安装与调试
	任务 13　RFID 功能测试	RFID 读写器安装和电路连接，RFID 电子标签读写功能测试
项目 5　智能制造系统各单元基本操作	任务 14　数控机床基本操作	数控机床回零、对刀、程序调用、在线测量等基本操作
	任务 15　工业机器人基本操作	工业机器人坐标系设定，示教器输入程序，单轴运动及线性运动，物料定点搬运
	任务 16　PLC 软件安装与基本指令编程	西门子 TIA Portal 编程软件安装，PLC 硬件组态及基本逻辑指令编程
	任务 17　触摸屏组态与简单编程	触摸屏与 PLC 的连接通信，建立数据库，设计画面，变量连接，下载调试
	任务 18　MES 认知与部署	MES 功能与作用，数据库环境搭建，MES 系统安装，MES 软件部署

（续）

《智能制造系统集成应用（初级）》活页式教材摘要

学习项目	学习任务	工作内容
项目6　智能制造系统维护保养	任务19　数控机床日常保养与维护	数控机床的日常保养与维护规范，数控机床一级、二级、三级保养
	任务20　工业机器人日常保养与维护	工业机器人的日常保养与维护规范，工业机器人一级、二级、三级保养
	任务21　智能制造系统日常维护	智能制造系统日常保养、系统点检和润滑
项目7　智能制造系统仿真软件应用	任务22　数字化仿真软件认知	认识数字双胞胎的软硬件，数字化仿真技术发展，了解软件功能，导入模型
	任务23　数字化仿真软件使用	数字化仿真软件的基本应用，地址映射，通信连接与调试

附表 C　1+X 职业技能等级证书（智能制造系统集成应用）配套系列教材（中级）目录

	《智能制造系统集成应用（中级）》活页式教材摘要	
载体：DLIM-441 智能制造系统集成应用平台，DLIM-DT01 数字化双胞胎技术应用平台，MES 软件，工具软件		
建议学时：80 ～ 100 学时（课程学习）；60 ～ 80 学时（1+X 证书培训）		

学习项目	工作任务 / 学习任务	工作内容 / 学习情境
项目 1　智能制造系统仿真建模	任务 1　智能制造系统建模与参数设置	机械部件、电气元件、系统的建模、参数设置、仿真运行
	任务 2　PLC 仿真编程与调试	建立 PLC I/O 地址与数字化双胞胎仿真软件地址映射与信号关联，PLC 仿真编程与调试
	任务 3　工业机器人仿真编程与调试	建立机器人编程软件与数字化双胞胎仿真软件的通信，工业机器人仿真编程与调试
	任务 4　智能制造系统仿真运行与调试	系统工作过程的建模、仿真、运行和调试，包括搭建 3D 模型、I/O 变量映射关联、建立 PLC 与虚拟仿真模型、机器人与虚拟仿真模型的通信连接
项目 2　数控机床编程与调试	任务 5　零件数控编程与数控加工	零件加工工艺设计，零件加工数控编程，操作加工中心加工零件
	任务 6　工件在线测量装置编程与应用	在线测量装置的安装与调试、参数标定、工件在线测量
项目 3　工业机器人编程与调试	任务 7　使用 WorkVisal 配置工业机器人	工业机器人安全配置和 I/O 地址配置等的参数配置
	任务 8　典型工业机器人任务编程与调试	典型工业机器人做搬运等任务的编程与调试，工业机器人与 PLC 通信调试
项目 4　智能仓储单元编程与调试	任务 9　仓储单元机械手取放料编程与调试	PLC 对仓储单元机械手定点取放料的编程与调试
	任务 10　基于触摸屏的仓储单元取放料编程与调试	触摸屏对仓储单元机械手定点取放料的编程与调试
项目 5　智能制造系统生产管理	任务 11　数字化设计与管理	根据任务书给定 2D 图进行 3D 图设计，编制零件加工工艺与加工程序，进行 MES 文件管理
	任务 12　智能制造系统设备管理	应用 MES 进行设备管理，包括数控加工、摄像头、机床刀具、机器人、物料仓储、AGV 等的参数、视频的数据采集与可视化
	任务 13　订单管理与生产管理	操作 MES 软件生成 EBOM/PBOM，用 MES 订单排程和生产管理
项目 6　智能制造系统故障检修	任务 14　数控机床常见报警故障处理	数控机床常见故障的检查、分析和处理
	任务 15　工业机器人常见报警故障处理	工业机器人故障分析与诊断，报警代码及处理
	任务 16　智能制造系统故障发现与处理	智能制造系统机械故障发现及处理，电气故障发现及处理

参考文献

[1] 济南二机床集团有限公司.智能制造系统集成应用职业技能等级标准 [Z]. 2021.

[2] 中德栋梁教育科技集团.DLIM-441 智能制造系统集成应用平台 [Z]. 2020.

[3] 王亮亮.全国工业机器人技术应用技能大赛备赛指导 [M].北京：机械工业出版社，2017.

[4] 谭志彬.工业机器人操作与运维教程 [M].北京：电子工业出版社，2020.

[5] 钟苏丽，刘敏.自动化生产线安装与调试 [M].北京：高等教育出版社，2017.

[6] 穆国岩.数控机床编程与操作 [M]. 3 版.北京：机械工业出版社，2020.

[7] 王士军，董玉梅.数控机床故障诊断与维修 [M].北京：科学出版社，2018.

[8] 郑维明.智能制造数字孪生机电一体化工程与虚拟调试 [M].北京：机械工业出版社，2020.

[9] 中德栋梁教育科技集团.DLIM-DT01B 数字化双胞胎技术应用平台手册 [Z].2020.

[10] 韩相争.PLC 与触摸屏、变频器、组态软件应用一本通 [M].北京：化学工业出版社，2018.

[11] 刘敏，钟苏丽.可编程控制器技术项目化教程 [M]. 2 版.北京：机械工业出版社，2011.

[12] 王爱民.制造执行系统（MES）实现原理与技术 [M].北京：北京理工大学出版社，2014.

[13] 黄培.MES 选型与实施指南 [M].北京：机械工业出版社，2020.

[14] 黄志坚.电气伺服控制技术及应用 [M].北京：中国电力出版社，2016.

[15] 任志斌，林元璋，钟灼仔.交流伺服控制系统 [M].北京：机械工业出版社，2018.

[16] 中德栋梁教育科技集团.DLRB-342910 桌面 AGV 说明手册 [Z]. 2019.